国家林业和草原局普通高等教育"十三五"规划实践教材

植物组织培养实验指导

李胜 赵露 主编

中国林业出版社
·北京·

内 容 简 介

本教材根据现代植物组织培养技术理论与方法，编排了基本实验技能、细胞和器官培养、原生质体培养、次生代谢调控与检测、病毒脱除与检测和种质保存6个部分共27个实验。其中基本实验技能部分包括植物组织培养室的设计、培养室的消毒、培养基母液配制及保存、培养基的制备、外植体的采集与消毒、初代培养、增殖培养、试管苗增殖的理论计算、试管苗生根培养和试管苗驯化移栽等实验；细胞和器官培养部分包括愈伤组织的诱导及分化、花药培养、胚培养、细胞悬浮培养和马铃薯试管薯的诱导等实验；原生质体培养部分包括原生质体分离与培养和原生质体的融合等实验；次生代谢调控与检测部分包括毛状根的诱导及增殖培养、西兰花毛状根萝卜硫素合成代谢调控、人参细胞中人参皂苷合成代谢调控、人参皂苷含量测定与成分分析等实验；病毒脱除与检测部分包括茎尖培养结合热处理脱病毒、植物茎尖超低温疗法脱病毒、酶联免疫法检测植物病毒和RT-PCR法检测植物病毒等实验；种质保存部分包括玻璃化法超低温保存植物组织培养苗茎尖和植物生长延缓剂法离体保存植物组织培养苗等实验。本教材既突出植物组织培养的基本实验技能，又增加了训练学生科研创新能力的综合性实验。各实验前有提要，后有注意事项、思考题，书末附有相关参考文献、植物组织培养常用仪器设备及其用途、植物组织培养常用培养基配方，方便学习查阅。

本教材除适合全国高等院校生物科学、生物技术、园艺、中药材等专业的本科学生学习使用，也可作为相关领域研究生和科研人员的参考书。

图书在版编目(CIP)数据

植物组织培养实验指导 / 李胜，赵露主编. —北京：中国林业出版社，2019.11
ISBN 978-7-5219-0321-8

Ⅰ. ①植… Ⅱ. ①李… ②赵… Ⅲ. ①植物组织—组织培养—实验—高等学校—教学参考资料 Ⅳ. ①Q943.1-33

中国版本图书馆CIP数据核字(2019)第247986号

中国林业出版社·教育分社

策划编辑：	康红梅 田 苗	责任编辑：	曾琬淋	责任校对：	苏 梅
电 话：	83143630	传 真：	83143516		

出版发行　中国林业出版社(100009　北京市西城区德内大街刘海胡同7号)
　　　　　　E-mail: jiaocaipublic@163.com　电 话：(010)83143500
　　　　　　http://www.forestry.gov.cn/lycb.html
经　　销　新华书店
印　　刷　三河市祥达印刷包装有限公司
版　　次　2019年11月第1版
印　　次　2019年11月第1次印刷
开　　本　787mm×1092mm　1/16
印　　张　6.5
字　　数　160千字
定　　价　32.00元

未经许可，不得以任何方式复制或抄袭本书之部分或全部内容。

版权所有　侵权必究

《植物组织培养实验指导》
编写人员

主　　编 李　胜　赵　露

副 主 编 马绍英

编写人员（按姓氏拼音排序）

包京姗（吉林农业大学）

黄远新（西南大学）

李　胜（甘肃农业大学）

马绍英（甘肃农业大学）

毛　娟（甘肃农业大学）

夏润玺（沈阳农业大学）

杨德龙（甘肃农业大学）

张春梅（河西学院）

张　真（甘肃农业大学）

赵　露（吉林农业大学）

前言
Preface

  自植物组织培养提出以来，其发展已逾100年，尤其是近50多年来，植物组织培养得到了迅速发展，并相继建立了一批企业，活跃在农业、林业、工业和医药行业，产生了巨大的经济效益和社会效益，成为当代生物科学中最有生命力的学科之一，也是现代生物技术和现代农业技术的组成部分。

  我国是一个人口大国，目前从事植物组织培养的人数和实验室总面积均居世界第一。近年来，我国试管繁殖已进入成熟阶段，诞生了数百个植物组织培养企业。随着全球经济一体化以及我国加入世界贸易组织，我国植物组织培养技术只有与国际接轨，才能体现其时代的特点与要求。

  我们在多年从事植物组织培养研究和本科生与研究生教学的基础上，组织有关专家与学者，立足于植物组织培养理论教学与实践教学需求，结合植物组织培养与其他相关学科的交叉应用与研究，综合提出植物组织培养实验指导的编写任务，从而为相关专业本科生与研究生的植物组织培养教学提供更为适用的教材，为生物技术专业自考本科和高职高专类生物技术专业相关课程提供教学参考资料，也为从事这方面研究的专家、学者提供参考。

  本教材由李胜、赵露担任主编，马绍英任副主编。具体编写分工如下：实验基本技能部分的植物组织培养室的设计、培养室的消毒和增殖培养由夏润玺老师编写，培养基母液配置及保存、培养基的制备、外植体的采集与消毒和初代培养由马绍英老师编写，试管苗增殖的理论计算、试管苗生根培养和试管苗驯化移栽由张真老师和李胜老师编写；细胞和器官培养部分的愈伤组织的诱导及分化、花药培养、胚培养和细胞悬浮培养由赵露老师和包京姗老师编写，马铃薯试管薯的诱导由毛娟老师编写；原生体培养部分由毛娟老师编写；次生代谢调控与检测部分的毛状根的诱导及增殖培养和西兰花毛状根萝卜硫素合成代谢调控由李胜老师编写，人参细胞中人参皂苷合成代谢调控、人参皂苷含量测定与成分分析由黄远新老师编写；病毒脱除与检测部分由杨德龙老师编写；种质保存部分由李胜老师和张春梅老师编写。

前 言

本教材在编写过程中得到有关研究单位和高等院校的专家及教务部门的支持。另外，编写过程中参考和引用了国内外大专院校教材的大量资料，在此一并表示感谢！

因水平有限，时间仓促，错误之处在所难免，敬请批评指正。

编 者
2019 年 7 月

目 录
Contents

前 言

第一部分　基本实验技能 ……………………………………………………………………… (1)
  实验一　植物组织培养室的设计 ……………………………………………………………… (1)
  实验二　培养室的消毒 ………………………………………………………………………… (6)
  实验三　培养基母液配制及保存 ……………………………………………………………… (9)
  实验四　培养基的制备 ………………………………………………………………………… (13)
  实验五　外植体的采集与消毒 ………………………………………………………………… (15)
  实验六　初代培养 ……………………………………………………………………………… (17)
  实验七　增殖培养 ……………………………………………………………………………… (19)
  实验八　试管苗增殖的理论计算 ……………………………………………………………… (22)
  实验九　试管苗生根培养 ……………………………………………………………………… (24)
  实验十　试管苗驯化移栽 ……………………………………………………………………… (26)

第二部分　细胞和器官培养 …………………………………………………………………… (29)
  实验十一　愈伤组织的诱导及分化 …………………………………………………………… (29)
  实验十二　花药培养 …………………………………………………………………………… (32)
  实验十三　胚培养 ……………………………………………………………………………… (35)
  实验十四　细胞悬浮培养 ……………………………………………………………………… (39)
  实验十五　马铃薯试管薯的诱导 ……………………………………………………………… (42)

第三部分　原生质体培养 ……………………………………………………………………… (45)
  实验十六　原生质体分离与培养 ……………………………………………………………… (45)
  实验十七　原生质体的融合 …………………………………………………………………… (49)

第四部分　次生代谢调控与检测

实验十八　毛状根的诱导及增殖培养

实验十九　西兰花毛状根萝卜硫素合成代谢调控

实验二十　人参细胞中人参皂苷合成代谢调控

实验二十一　人参皂苷含量测定与成分分析

第五部分　病毒脱除与检测

实验二十二　茎尖培养结合热处理脱病毒

实验二十三　植物茎尖超低温疗法脱病毒

实验二十四　酶联免疫法检测植物病毒

实验二十五　RT-PCR 法检测植物病毒

第六部分　种质保存

实验二十六　玻璃化法超低温保存植物组织培养苗茎尖

实验二十七　植物生长延缓剂法离体保存植物组织培养苗

参考文献

推荐阅读书目

附录

附录一　植物组织培养常用仪器设备及其用途

附录二　植物组织培养常用培养基配方

第一部分 基本实验技能

实验一 植物组织培养室的设计

植物组织培养是指在离体的条件下进行植物不同材料生长发育的时空调控，以满足人类的需求。植物组织培养是植物生物技术的基础，也是一门实验性极强的学科，而该学科的实验需在特定的空间条件下进行，这一空间即植物组织培养室。而要在该空间中进行植物组织培养实验操作，则该空间需满足植物组织培养的要求，因而对该空间要针对不同需求进行合理的设计。

一、实验目的

通过本实验，熟悉植物组织培养室由哪些功能区构成、各功能区的布局、各室的功能和仪器设备配置，掌握植物组织培养室设计的理念、原则和要求，学会设计植物组织培养室。

二、实验原理

植物组织培养是一项技术性很高的工作，对环境条件要求高。植物组织培养室是植物组织培养工作的场所，要满足植物组织培养工作的需要。植物组织培养室的设计要遵循其基本设计原则和要求，充分满足实际工作需要，同时要根据培养规模、工作性质和现有条件等，因地制宜，合理合计。

三、实验材料与用具

设计绘制平面图所用的绘图纸、铅笔、橡皮、直尺、三角板、彩笔等(或用 Auto CAD 等计算机软件绘图)。

四、实验步骤

(一) 了解设计原则和要求

在动手设计之前，首先要充分了解植物组织培养室的设计理念、原则和要求。植物组织培养室设计的基本原则是科学合理、生物安全、经济实用，相关内容可参阅本教材对应章节。同时，要对植物组织培养工作和培养室有一个全面系统的了解，如植物组织培养工作每一步对环境条件的需求、培养室的功能区组成和分布、各室的环境要求和仪器设备配置等。

(二)确定总体规模

植物组织培养室有以教学科研为主的中小型组培室,也有以工厂化生产为主的大型组培室。教学科研型组培室,一般建筑面积达 $200m^2$ 即可满足一个 40 人的班级开展组培实验的需要。大型组培工厂要按照实际生产需要规划总体建筑面积。本实验中按照教学科研型植物组织培养室来规划设计。

(三)调研选址

根据设计原则和建筑规模对可以使用的土地及周围环境进行调研,综合考虑,确定建立组织培养室的地点。主要考虑:

(1)周围环境清洁、安静,远离微生物实验室、昆虫实验室、饲养场等,远离闹市区。
(2)自来水、燃气、电力、暖气、网络等供给方便,便于联网施工,降低成本。
(3)交通便利,便于运输,避开拥堵路段,最好在市区近郊。
(4)最好在常年主风向的上风口,以减少污染。

(四)总体布局

根据建室规模和选定地点的地块形状、地理位置、周围环境等进行植物组织培养室的初步设计。首先要确定建筑的具体建设地点和范围、建筑平面形状和走向、建筑层数、周围附属设施等。如有(地下)车库,要设计其位置和出入口。接着设计大门、门厅、走廊、房间等总体布局,合理设计上下水、电力、燃气、网络等主干线的接入点、控制点(总控室)、走向、位置等。按照植物组织培养工作的流程顺序,安排各功能区的布局和各室的位置,根据植物组织培养室的常规设计原则、实际需要和实际情况确定各功能区和各室的大小比例,规划出总体布局。

(五)各功能室的设计要求

根据植物组织培养工作各步骤的不同需要,分别对各功能室进行具体设计,形成设计图。在对各房间细化设计时,总体上应考虑到以下问题:

1. 生物安全

组织培养室的设计要充分考虑到生物安全问题,产生的有害物质不能外流,不能对周围环境造成可预见的污染,必须有污染物处理系统。组织培养室要有过滤系统,下水道开口、通风口等应有过滤、防污设施,避免外界环境中的污物、虫、鼠等对组织培养室造成污染。

2. 易于清洗和消毒

组织培养室要经常清洗和消毒,所以建筑用材应防水、耐酸碱和腐蚀,经得起清洗和消毒,产生灰尘少;墙面、地面和天花板尽量平滑,其交界处宜做成弧形,没有死角,以便于清洗和消毒;管道尽量暗装,同时便于维修。

3. 水、电等合理安全

根据各室的需要合理配备水、电力、燃气、网络等,应便于使用,无安全隐患。要有防火报警系统和消防设施。如准备室放置仪器多，需要电源插座多，分布要合理；清洗室用水多，上下水要便利，水槽要大，地面、墙面要防水；灭菌室、培养室用电量大，供电设施总容量要大；接种室超净台如果使用燃气，应合理设计燃气接入点。各种管线布局要安全、合理，尽量走暗线，同时便于维修。

4. 仪器设备布局合理

根据各室功能，充分考虑到要配备的仪器设备的种类和数量（常用仪器设备及其用途见附录一），充分利用空间，合理设置电源插座、电灯开关、水电网接入点等。

5. 房间和门窗尺寸合理

房间尺寸、门窗位置和宽度等设计要合理，既方便够用，又充分利用空间。门窗的位置和宽度要合理，不要造成门窗的旁边有空位，但就差一点放不下一个立柜、冰箱等。门要设计双开门，以便大型仪器如超净工作台的移动和运输。

6. 便于室内小气候调节

植物组织培养需要一定的温度、湿度、光照等微环境条件，组织培养室建设时要充分考虑到微环境调控的问题，力求便于调节、节省能源。一般各室要求干燥、通风、安全，有防火设施。墙壁、顶棚用材保温性能要好，达到一定厚度；窗户要大，以便采光，节省能源，同时达到保温要求；房间的大小要适宜，这样既便于操作，又便于独立调节气候；加热、制冷、通风、光照、补湿设备布局要合理。

(六) 各功能室的设计要点

植物组织培养室必须具备3个功能区，即准备区、接种区和培养区，标准植物组织培养室一般包括储藏室、洗涤室、准备室、消毒灭菌室、接种室、培养室、观察室和温室等，在建设中可视具体情况设置，部分分室可合并或兼用。除上面提到的总体注意事项外，下面分述各室设计要点。

1. 储藏室

储藏室用于存放各种物品，一般主要放置立式储物柜，结合配备适量的储物台。储物柜规格多样，可以根据储藏室的具体情况购买或定制，也可以根据储物柜的规格来设计房间的具体大小、门窗具体位置和宽度及配电盘、电灯开关、插座等的具体位置。大型植物组织培养室存放物品较多，可能需要安放扫码设备，并连接网络，以及时登记物品的出入库情况。储藏室的门口要足够大，以便往里搬运大的储物柜。

2. 洗涤室

洗涤室用于完成各种物品和培养材料等的清洗、干燥和整理贮存等工作。其面积可根据工作量的大小设计，一般 $10m^2$ 左右，地面防水、防滑、排水良好，便于清洁。设大型水槽，上下水便利畅通。洗涤室要求宽敞明亮，多放置中间操作台，便于多人同时工作。一般靠墙放几个立式储物柜。此室还应放置洗瓶机、洗衣机、烘箱、晾干架等。

3. 准备室

准备室主要用于试剂和培养基的配制及蒸馏水的制备等，工作量大，所用仪器多，包括冰箱、电子天平、细菌过滤器、超纯水器、磁力搅拌器、恒温水浴锅、酸度计、电炉、微波炉等，因此电源插座要够用，分布合理。房间要求宽敞、明亮、干燥、通风，一般为

20 m² 左右，放置中央实验台、边台和立柜，有上下水，地面易于清洁。根据需要可放置 1~2 辆医用小推车。

4. 消毒灭菌室

消毒灭菌室主要用于器皿、器具、培养基和实验服等物品的灭菌。一般不必过大，能够满足需要即可，要求明亮、干燥、通风、防火、耐高温，有换气扇和防火设施。主要放置高压灭菌锅和烘箱，其要远离其他设备，与墙保持一定距离。要有高负荷配电盘和插座，根据需要配备置物架、置物台和医用小推车等。

5. 接种室

接种室主要进行无菌操作，其无菌条件的好坏直接影响组织培养能否成功。接种室通风要经过过滤系统，以避免污染。接种室与培养室相邻，设置传递窗。接种室之外设缓冲间，一般将一个房间用玻璃隔断间隔成内大外小的 2 间，大间作接种室，小间作缓冲间。接种室和缓冲间、缓冲间和外界宜设滑动门，且门口错开，最好方向不同，以减少空气对流。接种室的面积宜小不宜大，满足实际需要即可，一般 7~8 m² 即可。接种室和缓冲间要便于清洗消毒。

接种室配备超净台、工作台、置物架、医用小推车等，要根据需要配备超净台等的数量，合理布局。供电要考虑到照明、空气过滤系统、空调、紫外灯、显微镜和解剖镜及其相联摄像设备和台式计算机、超净工作台、超净工作台上使用的真空泵、电热消毒炉等。超净工作台如果使用燃气，要合理设计接入点。显微镜和解剖镜等如需网络传输数据，要合理设计网络接口。

缓冲间配备置物架（台）、衣架、鞋架，并配备紫外灯、洗手池等。有条件的可安装风淋系统。

6. 培养室

培养室主要进行离体植物材料的培养。设计时要从面积、布局、功能、设施等多方面充分考虑。

培养室总面积的大小可根据实际需要设计，单间面积 10~20 m² 即可，以便于对各室小气候的独立调控。单间的具体参数可根据培养架的规格、数目及其他设备而定，应布局合理，充分利用空间。

培养室配备的仪器设备较多，有多层培养架、空调、排气扇、摇床、转床、光照培养箱或人工气候箱、除湿机、加湿器、光照时控器、温度自动记录仪、日光灯、工作台等，用电量大，要设置足够的电源插座，供电系统负荷要大。为保证用电安全和方便控制，配电盘应置于培养室外。

培养室要便于清洗和消毒，同时要求采光、保温性能好，应设在向阳面，采用双层或三层玻璃大窗，屋顶、墙体做保温处理。

7. 观察室

观察室的主要功能是对培养材料进行细胞学或解剖学观察与鉴定、植物材料的摄影记录或对培养物的有效成分进行取样检测等。观察室不宜过大，能满足需求即可。该室要配备多个工作台，放置仪器较多，有倒置显微镜、荧光显微镜、解剖镜、图像拍摄处理设备、离心机、酶联免疫检测仪、电子天平、PCR 扩增仪、电导率仪、水浴锅等，要设足够多的电源插座，布局要合理，上下水便利，网络接入方便。房间要干燥、通风、清洁、明亮，最好安装空调。

8. 温室

温室主要用于组织培养苗的驯化移栽，其面积视实际需要而定，要求与培养室类似。室内主要配置苗床/架（固定式或活动式），注意其布局。应配置空调、加湿器、遮阳网、暖气或地热线等设施。如果条件允许，可建玻璃温室。

（七）细化加注

完成植物组织培养室的具体设计图后，还要进一步细化，在图上添加详细注释。有些内容在图上不易表现清楚，需要结合注释说明，以便工程图纸设计人员能看懂，如插座和开关等的空间坐标、地面和墙体的使用材料、窗户的玻璃层数等。

（八）清稿

完成所有设计后，将线条描实，擦除多余点、线。为表现得更清晰，可适当用彩色勾画、渲染，最后定稿，交专业工程设计人员绘制工程图纸。

五、注意事项

(1) 植物组织培养室设计要抓住主旨，目的明确，体现细节，满足需要，充分考虑多方面的因素，既要纵观全局，又要注意到细节问题。不要急于求成，要反复思索，不断优化。

(2) 动手绘图前要做到胸有成竹，不要急于落笔，以致后期反复修改。

(3) 设计图要便于理解，绘图点、线要清晰明了，标注内容要详细，文字要清晰、精炼。

六、思考题

(1) 植物组织培养室设计的原则是什么？
(2) 怎样设计植物组织培养室？
(3) 植物组织培养室设计需要注意哪些问题？

实验二　培养室的消毒

植物组织培养是指在离体的条件下进行植物细胞、组织、器官的生长发育调控。由于植物组织培养是在高糖、恒温和高湿条件下进行，菌类极易滋生和繁殖，因而要求操作环境必须无菌，培养环境清洁，这就需要对接种室和培养室进行消毒处理。

一、实验目的

通过本实验，了解培养室常用的消毒方法，掌握甲醛熏蒸消毒的操作技能。

二、实验原理

植物组织培养室尤其是接种室的环境条件直接影响植物组织培养的成败，所以要对其环境条件定期检验，使用前和使用后都要进行常规消毒。培养室消毒的方法有多种，其中最常用的是甲醛熏蒸消毒、紫外灯照射消毒、酒精(或新洁尔灭)喷雾或擦拭消毒。甲醛熏蒸消毒具有省时、省力和消毒效果好等优点，是目前较为广泛采用的消毒方法。本实验以接种室甲醛熏蒸消毒为例，学习植物组织培养室彻底消毒的方法。

甲醛是一种无色且具有强烈刺激性的气体，其饱和水溶液含甲醛40%，即福尔马林。甲醛是一种强还原剂，可使蛋白质变性，对细菌、真菌、病毒等均有效，且效率较高。在实际操作中，经常采用甲醛溶液和$KMnO_4$按2∶1的比例进行熏蒸消毒。$KMnO_4$具有强氧化性，与甲醛接触即发生剧烈的氧化还原反应，产生大量热量，使甲醛以气体形式挥发扩散，起到消毒作用。

三、实验材料与器具

1. 实验材料

待消毒接种室、灭过菌的无抗平板(或固体斜面培养基试管)。

2. 实验药品

甲醛、$KMnO_4$、氨水。

3. 实验器具

搪瓷缸(或大烧杯)、法兰盘、橡胶手套、口罩、护目镜、量筒、电子天平、喷壶、培养箱、抹布和拖布等清洁用具。

四、实验步骤

(一)消毒前的准备

(1)将接种室杂物清出，打扫干净，擦除或洗去灰尘、污迹。

(2)将培养箱、冰箱、橱柜等有密封空间的设备断电，敞开门(盖)，物品尽量移出，以便熏蒸消毒时消毒液能有效进入。

(3)关好接种室门窗，封住通风口、缝隙等，将接种室充分密闭。

(4)将地面喷些清水，地面中央靠近门放一个大法兰盘。

(5)测量接种室的空间体积，以计算甲醛和$KMnO_4$的用量。

(二)消毒

(1)按每立方米 10mL 甲醛、5g $KMnO_4$ 计算用量。

(2)按计算用量称取 $KMnO_4$，放入搪瓷缸(大烧杯)中，将搪瓷缸置于接种室地面的法兰盘中央。

(3)用量筒量取甲醛，沿搪瓷缸内壁倒入盛 $KMnO_4$ 的搪瓷缸中。此时 $KMnO_4$ 与甲醛剧烈反应，放出剧烈刺激性烟雾。操作人员尽快退出接种室，关好门。

(4)接种室保持密闭 24h 以上。

(三)消除甲醛

甲醛对人的眼、鼻有强烈的刺激作用，接种室熏蒸后不能立即进入。为减少甲醛对人的刺激，可打开接种室换气系统，换气 2h 以上；或至少在使用前 2h，取与甲醛等量的氨水，盛放在广口容器内，放置在接种室中，用氨水中和甲醛。

(四)消毒效果检验

消毒结束后，需对消毒效果进行检验，以确定接种室消毒是否达标。常用的检验方法有平板检验法和斜面检验法。

1. 平板检验法

在接种室正常工作条件下，选取几个有代表性的点，将无抗平板开盖放置于接种室内，并将不开盖平板的作为对照。一段时间(一般 5min)后盖上盖，与对照皿一起，30℃培养 48h 后，检查有无菌落生长及菌落形态，并检测杂菌种类。一般要求开盖 5min 的平板中的菌落数不超过 3 个。

2. 斜面检验法

在接种室正常工作条件下，将盛有固体斜面培养基的试管按无菌操作要求将棉塞拔掉，照管不拔棉塞。经过 30min 后，再按无菌操作要求将试管棉塞塞好，然后连同对照管一起于 30℃培养 48h，检查有无杂菌生长。以开棉塞 30min 不出现菌落为合格。

(五)使用前消毒

接种室在每次使用前，用 75%的酒精喷雾，使空气中的灰尘沉降；超净工作台和接种器具等也用酒精喷雾或用纱布蘸酒精擦拭；将不怕紫外线照射的接种器具等放到超净工作台上，然后打开接种室和超净工作台的紫外灯照射。约 20min 后，关闭紫外灯。首先进入缓冲室，穿好工作服，戴上帽子和口罩，套上鞋套，用 75%酒精擦拭双手，并对要拿入接种室的器具和材料等进行消毒。进入接种室，打开超净工作台风机，10min 后开始操作。再次用酒精对双手和超净工作台进行消毒，将器具和材料等用酒精消毒后再放到超净工作台上。

(六)使用后消毒

接种室用完后，清理超净工作台上的物品，再次用酒精对超净工作台消毒，然后退出接种室，打开紫外灯照射 20min。

五、注意事项

(1)甲醛有强烈刺激性,并有毒性,消毒操作时须做好防护,戴口罩、手套、护目镜等。消毒容器放置点离门要近一些,以便迅速撤离。接种室必须密闭好,消毒一经开始,所有人员必须马上撤离接种室。消毒期间,不可进入消毒空间。消毒后启动换气系统通风换气,或用氨水中和甲醛,待无甲醛气味方可进入。

(2)甲醛和 $KMnO_4$ 接触即剧烈反应,放出大量热,因此不可使用塑料盆等不耐热容器,而应选用大口耐腐蚀材质的陶瓷或玻璃器皿。容器容积比药液量至少大 4 倍,以免药液沸腾起泡沫时溢出。

(3)加药液次序要正确,先加 $KMnO_4$,再加入福尔马林,切忌在福尔马林中加入 $KMnO_4$,以免福尔马林溅出。

(4)甲醛的杀菌作用受温度、湿度影响,消毒时温度、湿度宜高些,当温度达 26℃以上、相对湿度达 75%以上时消毒效果最好。若温度、湿度过低,则影响药效。

(5)甲醛作用时间越长,消毒效果越好。因此,熏蒸时要密闭 24h 以上。如果熏蒸时间少于 8h,消毒效果较差。

(6)为增强消毒效果,消毒前应先将接种室打扫干净,宜冲洗的用清水洗净,欲消毒的部位应充分暴露。

(7)熏蒸时,使用的福尔马林体积(mL)与 $KMnO_4$ 质量(g)之比为 2∶1。当反应结束时,如残渣为一些微湿的褐色粉末,则表明两种药品比例适宜;若残渣呈紫色,则表明 $KMnO_4$ 过量;若残渣太湿,则说明 $KMnO_4$ 用量不足。

(8)接种室在日常使用过程中也要注意常用紫外灯消毒,地面、墙壁和工作台可用 2%的新洁尔灭或 75%的酒精擦拭,工作服、帽子、口罩等要定期消毒或更换。

六、思考题

(1)接种室常用消毒方法有哪些?
(2)如何用甲醛熏蒸法对接种室进行消毒?
(3)用甲醛熏蒸法对接种室进行消毒要注意什么?

实验三 培养基母液配制及保存

培养基母液是指提前配制的用于培养基制备的高浓度溶液。其可将培养基的多种物质通过相互稳定性和培养基中含量的高低进行分组组合配制，根据培养基制备对物质的需求量，确定相应的浓度和配制体积，以减少培养基制备时的称量、溶解与定容的工作量，同时不因配制浓度过高、体积过大，短期内不能使用完而造成药品的浪费。

一、实验目的

通过本实验，了解并掌握植物组织培养中 MS 培养基母液、生长调节剂母液配制与保存的基本知识及操作规范，能根据配方准确计算各种药品的称取量。

二、实验原理

在配制培养基之前，为了使用方便、简化操作、用量准确，减少每次配药称量各种化学成分所花费的时间和误差，常常将配制培养基所需无机大量元素、微量元素、有机物、铁盐、激素等分别配制成比需要量大若干倍的浓缩母液，置于冰箱内保存。当配制培养基时，按预先计算好的量分别吸取各种母液即可。本实验以 MS 培养基为例，学习培养基母液的配制方法。

三、实验试剂与主要器具

1. 仪器、用具

电子天平(感量 0.01g 和 0.0001g)、药匙、玻璃棒、称量纸、吸水纸、滴管、洗瓶、标签纸、烧杯(50mL、100mL、200mL)、容量瓶(100mL、200mL、500mL、1000mL)、试剂瓶(100mL、200mL、500mL、1000mL)、量杯、量筒、移液管、移液枪、洗耳球、电炉、冰箱等。

2. 试剂

(1)95%乙醇、1mol/L NaOH、1mol/L HCl。
(2)MS 培养基各成分试剂(见附录二)。
(3)植物生长调节剂：2,4-D、6-BA、IAA、NAA 等。
(4)洗涤剂、蒸馏水。

四、实验步骤

1. 大量元素母液的配制

按照 MS 培养基配方的需要量，将各种化合物称取量扩大 50 倍，用感量万分之一的电子天平称取，并分别用少量蒸馏水溶解。如溶解速度慢，可稍水浴加热。待化合物完全溶解后，按表 3-1 的顺序依次混合已溶解的化合物溶液，并不断搅拌，以免产生沉淀，再用容量瓶定容到 500mL，倒入试剂瓶中并贴好标签，保存于 4℃冰箱待用。

表3-1　MS培养基大量元素母液的配制

母液	化合物名称	规定量（mg/L）	扩大倍数	母液体积（mL）	称取量（mg）	配1L培养基吸取量（mL）
大量元素	KNO_3	1900	50	500	47500	20
	NH_4NO_3	1650			41250	
	KH_2PO_4	170			4250	

2. 微量元素母液的配制

按照MS培养基配方需要量，将微量元素各种化合物（表3-2）扩大100倍，用万分之一的电子天平分别准确称取，用少量蒸馏水溶解，也可以混合溶解，混合后定容至500mL。将配制好的母液倒入试剂瓶中，并贴好标签，保存于4℃冰箱。

表3-2　MS培养基微量元素母液的配制

母液	化合物名称	规定量（mg/L）	扩大倍数	母液体积（mL）	称取量（mg）	配1L培养基吸取量（mL）
微量元素	$MnSO_4 \cdot 4H_2O$	22.3	100	500	1115	10
	$ZnSO_4 \cdot 7H_2O$	8.6			430	
	H_3BO_3	6.2			310	
	KI	0.83			41.5	
	$Na_2MoO_4 \cdot 2H_2O$	0.25			12.5	
	$CuSO_4 \cdot 5H_2O$	0.025			1.25	
	$CoCl_2 \cdot 6H_2O$	0.025			1.25	

3. 铁盐、钙盐和镁盐母液的配制

常用的铁盐是$FeSO_4 \cdot 7H_2O$和Na_2-EDTA的螯合物，钙盐为$CaCl_2 \cdot 2H_2O$的水溶液，镁盐为$MgSO_4 \cdot 7H_2O$的水溶液。配制铁盐时必须单独称量、溶解、混合定容。按照扩大100倍（表3-3）分别称取各物质，分别溶解后，将Na_2-EDTA溶液缓缓倒入$FeSO_4$溶液中，搅拌均匀使其充分螯合，定容至500mL后贮放于棕色试剂瓶中，贴好标签。而钙盐和镁盐则单独称量溶解定容后贴好标签，保存于4℃冰箱。

表3-3　MS培养基铁盐、钙盐和镁盐母液的配制

母液	化合物名称	规定量（mg/L）	扩大倍数	母液体积（mL）	称取量（mg）	配1L培养基吸取量（mL）
铁盐	Na_2-EDTA	37.3	100	500	1865	10
	$FeSO_4 \cdot 7H_2O$	27.8			1390	
钙盐	$CaCl_2 \cdot 2H_2O$	440	100	500	22000	10
镁盐	$MgSO_4 \cdot 7H_2O$	370	100	500	18500	10

4. 有机物和肌醇母液的配制

按照表3-4用感量万分之一的电子天平分别称取各有机物。分别溶解定容后装入试剂

瓶中，贴好标签，于冰箱中保存。由于肌醇用量较大，因而该物质单独称量、溶解、定容为肌醇母液。有机物一般都溶于水，但叶酸需先用少量稀氨水或 1mol/L NaOH 溶液溶解；维生素 H(生物素)先用 1mol/L NaOH 溶液溶解；维生素 A、维生素 D_3、维生素 B_{12} 先用 95%乙醇溶解，然后再用蒸馏水定容。

表 3-4　MS 培养基有机物和肌醇母液的配制

母液	化合物名称	规定量 (mg/L)	扩大倍数	母液体积 (mL)	称取量 (mg)	配 1L 培养基吸取量 (mL)
有机物	甘氨酸	2.0	100	500	100	10
	盐酸硫胺素	0.1			5	
	盐酸吡哆素	0.5			25	
	烟酸	0.5			25	
肌醇	肌醇	100	100	500	5000	10

5. 激素母液的配制

激素母液必须分别配制，浓度根据培养基配方的需要量灵活确定，一般为 0.1~2.0mg/mL。称量激素要用感量万分之一的天平。配制各激素母液时应注意溶剂不同，具体见表 3-5。

表 3-5　常用植物激素及生长调节物质的溶剂

中文名	缩写	溶剂
2,4-二氯苯氧乙酸	2,4-D	NaOH/乙醇
吲哚乙酸	IAA	NaOH/乙醇
吲哚丁酸	IBA	NaOH/乙醇
α-萘乙酸	α-NAA	NaOH/乙醇
6-苄基氨基腺嘌呤	6-BA	NaOH/HCl
腺嘌呤	Ade	H_2O
激动素	KT	HCl/NaOH
玉米素	ZT	NaOH
赤霉素	GA	乙醇
脱落酸	ABA	NaOH

NAA、6-BA 和 ZT 的母液配制：分别称取 10mg、100mg、50mg 的 NAA、6-BA 和 ZT，溶解后定容至 100mL，即得 3 种激素的母液，如表 3-6 所列。

表 3-6　常用植物激素母液的配制

激素	称取量(mg)	定容体积(mL)	浓度(mg/mL)
NAA	10	100	0.1
6-BA	100	100	1
ZT	50	100	0.5

五、注意事项

（1）培养基各试剂应使用分析纯，用蒸馏水溶解和定容。

（2）在称量时应防止药品间的污染，药匙、称量纸不能混用，每种试剂使用一把药匙，多出的试剂原则上不能再倒回原试剂瓶。

（3）使用电子天平时注意不要把药品撒到托盘上，用完以后，用洗耳球将天平内的脏物清理干净。

（4）母液配制好后，贴上标签，标明母液名称、试剂浓度或扩大倍数、配制日期，并存放于4℃冰箱。使用母液前要进行检查，若发现试剂中有絮状沉淀或长菌或铁盐母液的颜色变为棕褐色，均不能再使用。

六、思考题

（1）为什么要配制培养基母液？

（2）配制1L MS基本培养基应吸取本实验中所配制的各种母液各多少毫升？

（3）仔细观察在配制母液过程中出现的现象与遇到的问题，如是否产生浑浊或沉淀，并分析出现混浊或沉淀的原因。

实验四　培养基的制备

培养基是植物组织培养的重要基质。在离体培养条件下，不同植物组织或器官对养分的需求不同，甚至同一植株体不同部位组织或器官对养分的需求也不同，只有满足它们各自的特殊需求，才能保证其良好地生长与发育。因此，没有一种培养基能够完全满足所有植物组织或器官的养分需求，在建立一种植物的培养体系时，首先必须确定适宜的培养基。培养基既是提供细胞营养和促使细胞增殖的基础物质，也是细胞生长和繁殖的生存环境。培养基种类较多，根据配制原料的来源，可分为自然培养基、合成培养基、半合成培养基；根据物理状态，可分为固体培养基、液体培养基、半固体培养基；根据培养功能，可分为基础培养基、选择培养基、加富培养基、鉴别培养基等。

一、实验目的

通过本实验，了解并掌握植物组织培养中常用培养基的配置原理及方法，掌握高压灭菌锅的使用方法。

二、实验原理

人工制备培养基的目的，在于给植物创造一个良好的营养条件，包括碳源、氮源、无机盐、维生素和水等物质。自1937年White建立第一种植物组织培养的培养基以来，许多研究者报道了各种培养基，其数量繁多，配方各异。根据营养水平不同，培养基可分为基本培养基和完全培养基。基本培养基也就是通常所说的培养基，主要有MS培养基、White培养基、B5培养基、N6培养基、改良MS培养基、Nitsh培养基、Miller培养基、SH培养基等，其配方见附录。完全培养基是在基本培养基的基础上根据实验的不同需要，附加一些物质，如植物生长调节物质和其他复杂有机添加物等。在实验中，按照植物材料生长发育的需要选择适宜的培养基配方进行配置。

三、实验试剂与主要器具

1. 仪器、用具

玻璃棒、电子天平、锥形瓶（试管）、棉塞、牛皮纸、搪瓷杯、烧杯、称量纸、量筒（10mL、100mL）、电磁炉、pH试纸、高压灭菌锅等。

2. 试剂和药品

大量元素母液、微量元素母液、钙盐母液、铁盐母液、镁盐母液、有机元素母液、蔗糖和琼脂。

四、实验步骤

1. 制作

按照培养基配方的需要量，依次吸取所需母液，称量所需的蔗糖和琼脂，然后将具刻度搪瓷杯盛培养基体积1/3的蒸馏水加热至沸腾，再将已称量好的蔗糖和琼脂加入沸水中，边加边搅拌，煮 2~3min 后切断电源，最后加入吸取的母液，用蒸馏水定溶至刻度，用 1mol/L NaOH 和 HCl 调 pH。

2. 分装与包扎

将制作好的培养基分装入锥形瓶中，用棉塞、牛皮纸和棉线进行封口包扎并装入灭菌框中。

3. 灭菌

以立式的 LDZX 灭菌锅为例，先给灭菌锅加蒸馏水至高水位，将灭菌筐放入灭菌锅中，盖上高压锅盖，上紧螺帽(注意对角拧紧螺帽)关上放气阀和安全阀。接通电源，压力计升至 0.05MPa 时，打开放气阀，排净冷空气，然后关闭放气阀，在 0.103MPa、121℃ 条件下灭菌 20min。

将灭菌后的培养基取出，放置在水平处自然冷却凝固。

五、注意事项

(1) 分装培养基时可用滤斗，避免培养基沾在瓶(管)口。

(2) 在使用高压灭菌锅时，灭菌锅内的冷空气要尽可能排净。

六、思考题

(1) 为什么要用 1mol/L NaOH 和 HCl 调 pH？

(2) 培养基污染的原因有哪些？

实验五　外植体的采集与消毒

外植体（explant）是植物组织培养中作为离体培养材料的器官或组织。理论上，植物细胞具有全能性，任何组织或器官都能成为外植体。但实际上，植物种类不同，同一植株不同器官，同一器官不同生理状态，对外界诱导条件的感受及再生能力不尽相同。

一、实验目的

通过本实验，掌握外植体选择的原理及方法，掌握外植体消毒的方法。

二、实验原理

1. 外植体的选择

根据植物细胞全能性理论，任何植物组织和器官都可以作为外植体，但实际上不同品种、不同器官之间的分化能力有较大区别。按照以下原则选择适宜的外植体：①选择优良的种质；②选择健壮的植株；③选择适宜的部位；④取材季节合理；⑤考虑器官的生理状态和发育年龄；⑥选择大小合适的外植体。

2. 外植体的消毒

从外界或室内选取的植物材料，都不同程度地带有各种微生物，这些污染源一旦被带入培养基，便会造成培养基污染。因此，植物材料必须经严格的表面消毒处理。消毒主要是采用物理或化学的方法杀死病菌，而尽可能地降低对植物材料的伤害。

三、实验试剂与主要器具

1. 仪器、用具

镊子、剪刀、广口瓶、酒精灯、超净工作台等。

2. 试剂和药品

无菌水、75%酒精、84消毒液。

四、实验步骤

（一）外植体的采集

1. 母本植株的选择

采集外植体若在大田条件下进行，则需在一周内无灌水或自然降水，连续3d的光照。若采集的是枝段，一般要求采集植株的中上部，尽可能不要采集离地面较近的枝段，以降低杂菌侵染。

2. 枝段的采集

首先用75%的酒精棉球擦拭消毒镊子和剪刀，然后一手持已消毒镊子夹住待剪枝段，另一手持已消毒剪刀剪取枝段，再剪去枝段叶片，预留叶柄，放入事先已灭菌的广口瓶中，要求剪取枝段的长度小于广口瓶檐高度。

3. 采集材料的运输

若采集地距实验室较近，则将采集的枝段在最短时间内于实验室完成消毒处理；若采集地距实验室较远，则事先需准备冰瓶，将剪取的枝段置于冰瓶，1~2d 内带回实验室进行消毒处理。

（二）超净工作台和接种器具灭菌

打开超净工作台的紫外灯，照射 20~30min。剪刀、镊子经过高温、高压灭菌后，使用前在超净工作台内用酒精灯外焰再次灼烧灭菌，放在铁架台上。

（三）材料消毒

取采集的外植体，先用流水冲洗 15~30min，接着用 75% 酒精消毒 10~30s，再用 1% NaClO 消毒 15~30min，最后用无菌水冲洗 4~5 遍，接种于适宜的培养基上培养。

五、注意事项

(1) 紫外灯照射期间不得进入接种室，照射完后立即关闭。
(2) 剪刀、镊子经过酒精灯灼烧后，必须降至室温才可使用。
(3) 不同的外植体消毒处理时间不同，应根据材料属性选择最佳消毒程序与时间。

六、思考题

(1) 紫外灯照射有什么作用？
(2) 消毒时间与污染率和药害率之间有何关系？

实验六　初代培养

植物组织培养中，对采集并消毒好的外植体进行接种与培养获取无菌材料的过程称为初代培养。初代培养也是植物组织培养中获取无菌材料的关键环节。

一、实验目的

通过本实验，了解初代培养的原理，掌握无菌接种的操作方法。

二、实验原理

植物的每个细胞都包含着该物种的全套遗传信息，从而具备发育成完整植株的遗传潜能。在植物细胞全能性的基础上，离体的植物器官、组织和细胞通过脱分化和再分化形成完整的植株体。

三、实验试剂与主要器具

1. 仪器、用具

酒精灯、消毒瓶、铁架台、镊子、剪刀、棉球、酒精喷壶、打火机、超净工作台等。

2. 试剂和药品

无菌水、95%酒精、75%酒精、84消毒液、培养基（根据实验需要制备适宜的培养基）。

四、实验步骤

1. 前期准备

打开超净工作台的紫外灯，照射20~30min后，关闭紫外灯。用75%的酒精擦拭超净工作台，把剪刀、镊子等泡在95%的酒精中，再在火焰上灭菌后，放在铁架台上。

2. 材料消毒

方法同实验五，取准备消毒的外植体，先用流水冲洗15~30min，然后用75%酒精消毒，再用1% NaClO消毒，最后用无菌水冲洗4~5遍。

3. 接种

取初代培养基，将瓶口通过酒精灯火焰灼烧灭菌，将封口材料轻轻松开，轻盖在瓶口，将培养基放在方便操作的位置。取盛有已消毒外植体的广口瓶，将瓶口通过酒精灯火焰燃烧灭菌，并在酒精灯火焰旁一手持瓶，瓶口向上朝向酒精灯火焰，45°倾斜，另一手轻轻揭去封口材料，瓶口靠近空培养皿，揭开空培养皿盖，然后用镊子将外植体材料放至空培养皿中。一手持镊子，另一手持剪刀（手术刀），切去外植体两端，将完好健壮的材料切割成适宜大小。完成切割后，取初代培养基，一手持瓶，瓶口向上呈45°倾斜，瓶口朝向并靠近酒精灯火焰，另一手轻轻揭去封口材料，然后将瓶口靠近培养皿，用镊子将切割好的材料均匀接种于初代培养基中。接种完成后，将瓶口通过酒精灯火焰灼烧灭菌，用封口材料封好瓶口，做好标记。

4. 培养与观察

将接种好的材料置于培养架或培养箱，除特殊培养要求外，培养条件为：温度 25℃±2℃，光照强度 1112lx，16h/d，培养室内相对空气湿度为 50%~60%。每天观察并统计材料的萌发情况、污染情况、既不污染也不萌发的药害情况，并及时除去污染材料。

五、注意事项

(1) 接种过程中镊子和剪刀用 2~3 次后消毒，避免污染。
(2) 接种过程中避免与他人交谈。

六、思考题

(1) 植物材料哪些部位的细胞较易表达全能性？
(2) 造成污染的因素有哪些？

实验七 增殖培养

植物组织培养在农业生产中的应用之一是优质、稀缺种质及新育成和新引进种质的快速繁殖。植物组织培养因可实现短期内种苗的几何级数增殖而在农业育种和种苗快速繁殖中发挥着不可替代的作用。

一、实验目的

通过本实验,强化无菌操作技术,了解植物组织培养中增殖培养的目的,掌握增殖培养的方法和操作技术。

二、实验原理

利用组织培养中的植物材料已完全适应高湿、高糖、弱光、恒温及异养的新环境条件和生理代谢,制备相应适宜的增殖培养基,进行无菌接种,并在适宜的微环境条件下进行增殖培养。

三、实验材料与器具

1. 实验材料

马铃薯茎尖初代培养形成的试管苗。

2. 实验药品

MS+ 6-BA 2mg/L+ NAA 0.1mg/L+蔗糖3%+琼脂0.7%,75%乙醇、95%乙醇。

3. 实验器具

超净工作台、剪刀、镊子、解剖刀、酒精灯、火柴、罐头瓶、记号笔、酒精喷壶、已灭菌的带有吸水纸的成套培养皿、医用橡胶手套等。

四、实验步骤

(1)将接种器具、酒精灯、已灭菌的空培养皿等置于超净工作台台面的适当位置(便于后面的接种操作)。

(2)关闭超净工作台前档玻璃,打开风机适当鼓风,打开超净工作台紫外灯,退出无菌室,打开无菌室紫外灯,消毒20min后关闭所有紫外灯,继续鼓风20min后待接种。

(3)将初代培养物、增殖培养基移入缓冲间,用喷壶向盛放初代培养物和增殖培养基的培养瓶表面喷洒75%酒精消毒。在缓冲间,用水和肥皂洗净双手,穿上已灭菌的专用实验服和鞋子(或鞋套),戴上口罩和帽子,携带初代培养物进入无菌室,将初代培养物和增殖培养基置于超净工作台旁。

(4)打开无菌室和超净工作台照明灯(检查紫外灯已关闭),调整鼓风量(若需要),适当升起超净工作台前档玻璃。带上医用橡胶手套,用喷壶向双手手套和超净工作台台面喷适量75%酒精,用已灭菌的纱布或吸水纸擦拭喷过酒精的超净工作台台面。如不用喷壶,则用棉球或纱布蘸75%酒精对手套和超净工作台台面擦拭消毒。点燃酒精灯,将剪刀、镊子等金属器具前端浸入95%的酒精,然后用酒精灯外焰灼烧灭菌,置于支架上冷却备用。

(5)再次用75%酒精对盛放初代培养物和增殖培养基的培养瓶表面进行消毒,然后置于超净工作台台面适当位置。

(6)先取一个已灭菌的空培养皿,置于超净工作台台面正前方双手较易操作处(空培养皿应在酒精灯火焰周围10cm范围内靠自己的一侧)。

(7)取增殖培养基,将瓶口通过酒精灯火焰灼烧灭菌,然后将封口材料轻轻松开,轻盖在瓶口,再将培养基放在方便操作的位置,为向瓶内接种做好准备。

(8)取初代培养瓶,通过酒精灯火焰对瓶口灭菌,并在酒精灯火焰旁一手持瓶,瓶口向上朝向酒精灯火焰,呈45°倾斜;另一手轻轻揭去封口材料,瓶口靠近空培养皿,揭开空培养皿盖,然后用镊子将初代培养物移至空培养皿中。

(9)一手持镊子,另一手持剪刀(手术刀),将初代培养物按要求进行切割。如果初代培养物是嫩枝,则将其切割成每段带有一个芽的小段;如果初代培养物形成的是愈伤组织,则将变褐、坏死的部位和根切下弃去,将完好健壮的愈伤组织切割成约5mm×5mm的小块。

(10)完成切割后,取增殖培养基,一手持瓶,瓶口向上,呈45°倾斜朝向并靠近酒精灯火焰;另一手轻轻揭去封口材料,然后将瓶口靠近培养皿,用镊子将切割好的材料均匀接种于增殖培养基,接种密度可比初代培养稍大。

(11)接完种后,将瓶口通过酒精灯火焰灼烧灭菌,用封口材料封好瓶口,贴好标签。一般同一批增殖培养的材料,其品种、培养基等都相同,此时标签只标明每一瓶的编号即可,等全部材料接种完成后再做详细的标签。

(12)每转接完一瓶初代培养物,更换一个已灭菌的空培养皿,剪刀、镊子等器具浸至95%酒精中并灼烧灭菌,以防交叉污染。接种全部完成后,将培养瓶瓶口包扎好,贴好标签,标明培养物的名称、品种、编号、培养基、日期等,置于培养箱或培养架进行培养。

(13)接种结束后,关闭和清理超净工作台,并清洗用过的玻璃器皿。

(14)定期观察增殖培养物并进行记录。记录培养物的污染情况、形态变化、生长状态等,必要时拍照记录。待培养物增殖到一定量后再次进行下一代培养,如此反复,直至扩繁到预期数量。

五、注意事项

(1)实验所用的器具需严格消毒灭菌。

(2)接种时,动作要轻,力度适中,切勿将材料压入至培养基中。

(3)接种时培养瓶要瓶口向上,斜向45°,朝向并靠近酒精灯火焰,以免手、镊子等附着的污染物掉入瓶中。

(4)接种过程中尽量减少培养瓶敞口时间,接种完后要尽快封口。

(5)操作期间,应经常用75%的酒精擦拭工作台和双手,剪刀、镊子等金属接种器具应经常在95%的酒精中浸泡并在酒精灯火焰上灼烧灭菌,以控制污染。

(6)剪刀、解剖刀等适当灼烧灭菌即可,不可过分灼烧而造成器具退火。

六、思考题

(1) 如何减少增殖培养的污染率?

(2) 增殖培养时应如何分割初代培养材料?

(3) 增殖培养接种时应注意哪些问题?

实验八　试管苗增殖的理论计算

植物组织培养中试管苗的增殖理论上是按几何级数的方式发生的，但在实际操作中，每一个操作环节均因人为操作和环境条件而使增殖受到一定的影响，因而在实际计算中，要根据不同环节发生的影响进行适当的处理，以使理论计算更接近于真实水平。

一、实验目的

计算试管苗的理论增殖速率，制订试管苗的生产计划。

二、实验原理

由于试管苗在无菌条件下生长，营养速效、充分，温度适宜，光照较弱，接近饱和的相对湿度，且不受季节、气候的限制，也无病虫危害，故增殖速度极快。增殖速率有理论值和实际值两种，因为实践中要受到多种因素制约，所以实际值比理论值低，但理论计算可为实际生产预期产量提供参考。

三、计算方法

试管苗理论上一年能繁殖的数量可用下面的简单公式计算：

$$Y = M \cdot X^n$$

式中　Y——年增殖数；

M——无菌母株苗数；

X——每个培养周期增殖的倍数；

n——增殖的周期数。

例1：某企业于当年5月签订一个生产任务，下一年10月交付100万株苹果试管苗商品成苗。已知试管苗生产中增殖周期为1个月，增殖倍数为4，请问组织培养快繁时至少需多少株室内保存的无菌原种苹果试管苗？

根据上述公式可知：

$$M = \frac{Y}{X^n} \quad Y = 1000000 \quad X = 4 \quad n = 12$$

代入上述公式得：$M = 1000000/4^{12}$

$\qquad\qquad\qquad = 3.815$

植物材料数量不能为小数，因而若计算结果带小数，不论小数位值大于或小于0.5，整数位值均加1，所以理论应为4株幼苗。

在实际生产中，初代培养中的污染、药害，增殖培养中的接种污染，以及在移栽时的成活率等因素，均影响植物组织培养成苗量，因而在理论计算时应将这些因素纳入而综合计算。

例2：某企业于当年5月签订一个生产任务，下一年10月交付100万株葡萄试管苗商品成苗。已知试管苗生产中增殖周期为1个月，增殖倍数为4，初代培养的污染率为40%，药害率为 15%，增殖培养时的污染率为 5%，移栽成活率为 85%，请问组织培养快繁时至少需采集多少个外植体单芽茎段？

计算公式仍然是上述的增殖公式，但考虑实际情况，将试管苗组织培养每个阶段的具体因素考虑时，就需将各相关百分数代入相应的指标，因而该计划任务的计算如下：

$$M = \frac{Y}{X^n}$$

将相应的值代入公式得：

$$M = 1000000 / [4 \times (1-5\%)]^{12} \times (1-40\%-15\%) \times 85\%$$
$$= 15.824$$

因而生产中至少要采集 16 个单芽茎段。

四、注意事项

对植物组织培养不同培养阶段植株的污染率、药害率、成活率的理解和在计算中的应用。

五、思考题

有一个当年 9 月签订的生产任务，于下一年 12 月交付 50 万株葡萄试管苗商品成苗。已知试管苗生产中初代培养的污染率为 35%，药害率为 15%，增殖培养时的污染率为 5%，增殖周期为 1 个月，增殖倍数为 4，移栽成活率为 80%，请问组织培养时至少需要采集多少个外植体单芽茎段？

实验九 试管苗生根培养

就植物组织培养在农业生产中的应用而言，种苗能否进入大田生长发育是衡量植物组织培养成功与否的关键，而种苗进入大田生长发育的决定条件是试管苗具有功能健全的根系，因而试管苗生根培养是植物组织培养的重要环节。

一、实验目的

通过本实验，熟练掌握试管苗生根的基本知识和技能，并能够初步解决试管苗生根中遇到的问题。

二、实验原理

试管苗的生根培养是无根苗生根形成完整植株的过程，试管苗不定根的发生可提高试管苗对外界环境的适应能力及驯化移栽的成活率。试管苗生根培养属试管繁殖的第三个阶段，若不能及时将培养物转移至生根培养基，久不转移的试管苗会因空间和养分竞争而生长势下降，后期生根能力下降。

三、实验材料与器具

1. 实验材料
经增殖培养的试管苗。
2. 实验药品
基本培养基、生长素等。
3. 实验器具
超净工作台、酒精灯、镊子、剪刀、光照培养箱等。

四、实验步骤

1. 生根培养基的制备
采用低无机盐的 1/2MS 基本培养基，全部去掉或仅用很低的细胞分裂素，并加入适量的生长素（NAA、IBA 等）进行生根培养。

2. 生根诱导
一般需剪取长 1cm 左右的枝段诱导生根。诱导试管苗生根的方法主要有以下 3 种。

(1)将新梢基部浸入 50mg/L 或 100mg/L IBA 溶液中处理 4~8h，诱导形成根原基，再转移至无生长调节剂的培养基上促进幼根的生长。

(2)在含有生长素的培养基中培养 4~6d，待根原基或幼根形成后，再转移至无生长调节剂的培养基上进行生根培养。

(3)直接转入含有生长素的生根培养基中进行生根培养。

以上 3 种方法均能诱导新梢生根，但前两种方法对新生根的生长发育更为有利。第三种方法对幼根的生长有抑制作用，其原因是当根原基形成后，较高浓度生长素的继续存在不利于幼根的伸长生长，但这种方法比较简单可行，在生产中较为常用。

3. 生根培养

将接种于生根培养基的试管苗置于光照培养箱，并设定适宜的温度、光照强度及光周期。一般2~4d即可见根的发生，具体时间随植物种类不同而异，当洁白的正常短根长至1cm左右时即可炼苗。

五、注意事项

(1)不同植物生根的一般规律是：木本植物较草本植物难，成年树较幼年树难，乔木较灌木难。

(2)生根培养基大多使用低盐的MS培养基，如1/2 MS培养基。

(3)赤霉素、细胞分裂素、乙烯通常不利于发根，如与生长素配合，一般浓度应低于生长素浓度。

(4)光照强度和光周期对发根的影响较为复杂，不同类型植物影响不同。

(5)试管苗的生根也要求一定的pH范围，一般在5.0~6.0。

(6)试管苗的生根也要求一定的适宜温度，一般在16~25℃，温度过高或过低都不利于生根。

(7)生根培养基中可加入适量的活性碳以吸附植物材料生长过程中分泌的抑制生根的有机物。另外，在一些难生根的植物生根培养基中附加间苯三酚、脯氨酸(100mg/L)和核黄素(1mg/L)，也有利于试管苗的生根。

六、思考题

(1)影响试管苗生根的因素有哪些？

(2)如何促进试管苗在试管内生根？

实验十　试管苗驯化移栽

植物组织培养是在高湿、高糖、异养、弱光、恒温和离体的条件下进行植物组织或器官的生长发育调控，若将该条件下的植物试管苗移栽于变温、自养、低湿和强光条件下，由于环境条件变化剧烈，试管苗要从异养变为自养，因而需为其提供逐渐过渡的变化幅度较小的环境条件，最终直至试管苗完全适应大田环境条件的生长发育，此过程即为试管苗的驯化。

一、实验目的

通过本实验，掌握驯化移栽的有关理论和技术，以获得高质量的商品苗。

二、实验原理

离体繁殖的植物特别是木本植物、名贵花卉试管苗能否大量应用于生产并取得好的效益，取决于最后一关，即试管苗能否有高的移栽成活率。因此，提高移栽成活率，建立高效稳定的移栽体系是十分重要的。

试管苗从试管内移到试管外，由异养变为自养，由无菌变为有菌，由恒温、高湿、弱光向自然变温、低湿、强光过渡，环境条件变化十分剧烈。应根据当地的气候环境特点、植物种类、移栽季节、设备条件等逐步缩小这种变化，以实现高成活率和低成本的移栽。

三、实验材料与器具

1. 实验材料

离体繁殖的试管苗。

2. 实验药品

移栽基质。

3. 实验器具

(6×6)cm～(10×10)cm 的软塑料营养钵。

四、实验步骤

1. 移栽基质的准备

为了有利于试管移栽苗根系的发育，移栽试管苗的基质要求具备透气性、保湿性和一定肥力，且容易灭菌处理，不利于杂菌滋生。常选用珍珠岩、蛭石、河沙等，也可根据不同植物的栽培习性按比例配合草炭土或腐殖土来配制复合基质，以增加黏着力和肥力。如珍珠岩：蛭石：草炭土为 1：1：0.5，河沙：草炭土为 1：1 等。

为避免移栽损失，所有的移栽基质使用前最好进行消毒。可采用湿热消毒法，即在高压灭菌锅中以 0.103MPa、121℃ 灭菌 20min；也可采用化学药剂消毒法，即将浓度为 5% 的福尔马林或 0.3% 的硫酸铜稀释液浇泼于基质，然后用塑料布覆盖一周后揭开再翻动。

2. 栽培容器的准备

栽培容器可用(6×6)cm～(10×10)cm 的软塑料营养钵。

3. 遮阴和加热设备的准备

试管苗移栽时需要提供一个可调控温度、光照和湿度的基本设施，以逐渐过渡至自然条件。因此，夏天需准备遮阴的设施和其他的降温设施，如荫棚、遮阳网等；冬天则需准备加温的设施，如温室、大棚等。

4. 炼苗

试管苗在移栽前几天一般都需要进行炼苗。一般先将培养容器从培养室放至常温下，然后去掉试管苗容器口包扎和塞子以降低湿度、温度，适应自然光强，即为光培炼苗。待试管苗逐步适应外界的光照、温度和湿度后再进行移栽。

5. 移栽

（1）移栽时，先将试管苗从培养瓶中取出，切勿损坏根系，用室温水洗去根部黏附的培养基。

（2）先将基质浇透水，挖3~5cm深的穴，然后将试管苗置于穴中，保持根系舒展，接着覆盖基质，并将所覆基质压紧实，最后浇透室温水，保证移栽空间的湿度在95%以上。

6. 移栽后管理

移栽后，第一周保证每天的湿度下降5%，光照强度每天增加500~1000lx，移栽基质温度略高于气温。在移栽后2~3d试管苗保持挺立的姿态，表明其移栽成活。7d后有新生幼叶，且其表面光滑，具有蜡质层和表皮毛，表明移栽试管苗已初步适应移栽环境。7d后，根据不同植物对养分的需求喷施一定浓度的营养液，一般为该物种增殖基本培养基的1/2无机盐液或1/4无机盐液。

五、注意事项

（1）要选择适当的移栽基质，保持良好的透气性，且一般不重复使用。若重复使用，则应在使用前进行灭菌处理。常用基质特征及使用方法如表10-1所列。

表10-1 常用基质特征及使用方法

常用基质	特征	能否单独使用	备注
珍珠岩	质轻，浇水易漂浮，不利于根系固定	否	宜配制复合基质
蛭石	有良好的透气性、保水性和保肥性，是较理想的基质种类	可	育苗前需过筛
河沙	成本低，透气性好，排水性强，但保水、持水能力差	否	宜配制复合基质
泥炭	持水和保水能力强，通透性较差	否	宜配制复合基质
腐殖土	含有大量的矿质营养、有机物质	否	宜配制复合基质

（2）水分控制要得当，移栽后的第一次浇水必须浇透，平时浇水要求不能过多或过少，注意勤观察，保持基质湿润。

（3）一般试管苗移栽初期光照较弱，当幼苗有新叶发生时逐渐增强光照，后期则可直接利用自然光照，以促进光合产物的积累，增强抗性，促进移栽苗的成活。

（4）试管苗移栽过程中温度也要适宜，喜温植物以25℃左右为宜，喜冷凉的植物以18~20℃为宜。

(5)试管苗移栽后喷水时还可加入0.1%的尿素或用1/2MS大量元素的营养液作追肥。

(6)要防止菌类滋生,首先应对基质进行高压灭菌、烘烤灭菌或药剂消毒。同时还需定期使用一定浓度的杀菌剂,如浓度800~1000倍的多菌灵、托布津等,以便更有效地保护幼苗。喷药间隔宜7~10d一次。

(7)在移栽时应注意尽量少伤苗,伤口过多、根损伤过多均易造成死苗。

(8)试管苗一般应移栽在无风处。

六、思考题

(1)影响试管苗移栽成活率的因素有哪些?

(2)如何调控试管苗移栽后的光照、湿度和温度条件?

第二部分 细胞和器官培养

实验十一 愈伤组织的诱导及分化

愈伤组织是指植物为修复损伤在伤口部位形成的无序薄壁细胞团，该细胞团由脱分化的组织细胞快速分裂增殖形成。植物组织培养中，在外植体的切口部位也会形成没有任何结构的分生细胞团，即愈伤组织，这种以诱导形成愈伤组织为目的的培养称为愈伤组织诱导培养。以愈伤组织为起始材料，在诱导分化的培养基上进行培养，获得再生器官或植株，这一过程称为愈伤组织分化培养。

一、实验目的

通过本实验，认识植物细胞发育的可逆性和全能性；掌握外植体材料的消毒方法、接种方法和无菌操作过程；了解愈伤组织形成条件、形成过程和愈伤组织的结构特点，判别愈伤组织类型。

二、实验原理

植物细胞与动物细胞的差别是其分化细胞具有可逆性。植物细胞无论来源于哪种组织或器官，只要具有完整的细胞膜系统和有活力的细胞核，即可在适当条件下由已经分化的细胞脱分化为分生细胞，继而快速分裂增殖，形成无序的薄壁细胞团，即植物愈伤组织。愈伤组织培养是最常见的培养方法，各种来源的外植体材料（除茎尖分生组织和个别的器官外植体）都要经由愈伤组织阶段才能再分化形成再生器官或植株，愈伤组织也是建立悬浮细胞系或大量分离原生质体的起始材料。愈伤组织经过不同成分的分化培养基诱导，可再分化形成叶、根或植株。诱导培养基中生长素与细胞分裂素两类激素的浓度和它们之间的比例决定了再分化的方向和结果。

三、实验材料与器具

1. 实验材料

任何种类植物的组织和器官都可以作为培养起始材料。植物来源可以是无菌幼苗，也可以是盆栽植物或野生植物。选择材料时，裸子植物可选择膨大的芽、无菌幼苗、韧皮部；禾谷类植物可选择胚、中胚轴、根或茎基部；双子叶植物可选择无菌幼苗的根、下胚轴、子叶，盆栽或野生植物的茎、根及叶片等组织或器官。

2. 实验药品

根据植物种类选择培养基，可选 MS 培养基、B5 培养基或 ER 培养基（培养基配方见附录）。其他试剂有蔗糖、琼脂、无水乙醇、次氯酸钠、2,4-D、IAA、6-BA、ZT 等。

3. 实验器具

超净工作台、高压蒸汽灭菌锅、超纯水器、酸度计、电子天平、量筒、培养皿、锥形瓶、容量瓶、烧杯、移液管、酒精灯、解剖刀、剪刀、镊子、玻璃记号笔、封口膜、火柴、无菌滤纸、脱脂棉、线绳、废液杯等。

四、实验步骤

（一）植物材料的准备

1. 无菌苗准备

把清选过的种子放在盛有 75% 酒精的锥形瓶或小烧杯中，轻轻振摇锥形瓶，使种子与酒精充分接触，2~5min 后倒掉酒精，随后在锥形瓶中加入 2% 次氯酸钠或 5%~10% 次氯酸钙，继续轻轻振荡 5~30min 后倒掉次氯酸钠或次氯酸钙，用无菌蒸馏水清洗种子 2~3 次。将种子放在无菌滤纸上吸干表面水分后，移入装有 2~3 层无菌湿润滤纸的培养皿（种子体积较小时）或装有 20mL 固体培养基的 50mL 锥形瓶中（种子体积较大时），培养皿用石蜡膜封口（锥形瓶用封瓶膜封口）。培养皿或锥形瓶中应尽量放置较少的种子，以避免相互污染。种子消毒及接种过程均在超净工作台中进行。当种子萌发后，幼苗的任何部分都可以直接作为外植体材料。

2. 有菌材料的处理

取盆栽或野生植物的根、茎、叶或芽，在流水下冲洗 15~20min 去除表面灰尘及杂质，用滤纸吸干水分后，切取适当大小组织切块进行消毒处理。茎、叶、芽等纤弱材料可先在 75% 酒精中短暂浸没 30s，再用 2% 次氯酸钠消毒 5~20min。块茎、鳞茎、根等粗大材料，可在 75% 酒精中浸没 1~3min，再用 5% 次氯酸钠消毒 5~30min。材料表面若有绒毛等附属结构，可在消毒剂中加少许 Triton-X 或 Tween-80 等表面活性剂，以提高杀菌效果。材料经消毒处理后，用无菌水清洗 3~4 次，彻底去除残留的消毒剂，避免对培养物产生毒害。消毒处理过程均在超净工作台中完成。

（二）愈伤组织诱导培养

根据外植体来源植物不同，选择固体 MS 培养基、B5 培养基或 ER 培养基。无论何种培养基，均需在其中添加适当浓度的植物激素或植物生长调节物质，如 IAA、2,4-D、6-BA、ZT 或 KT 等，植物激素浓度可设置浓度梯度或参考相关文献设置。固体培养基琼脂浓度为 0.3%~1.0%，培养基中的碳源为 2%~5% 蔗糖。

将上述准备好的植物材料切成适当大小的外植体，如无菌幼苗的根、胚轴或叶柄可切成 0.5 cm 长的切段，其他组织材料可切成长×宽×高约等于 0.5cm×0.5cm×0.5cm 大小的切块。按照无菌操作原则和方法将外植体材料接种到预先准备好的已灭菌培养基中。培养器皿可根据材料大小和培养目的选择培养皿、锥形瓶或螺口塑料瓶，每个培养皿或锥形瓶中接 4~5 块外植体，外植体间保持一定距离。

接种后，置于25~28℃黑暗中培养，3~4周后，可见外植体切口部位有淡黄色的细胞团，即愈伤组织。愈伤组织长满外植体表面时，表明愈伤组织诱导完成，可进行继代培养或诱导分化培养。

（三）愈伤组织分化培养

判别愈伤组织类型，选择保守型愈伤组织作为分化培养的材料。基本培养基可选择固体MS培养基、B5培养基或ER培养基。根据诱导分化的方向决定培养基中激素的种类和浓度，注意生长素和细胞分裂素两者的浓度比例。对大多数植物而言，诱导再生根，需采用高浓度生长素和较高比例的生长素/细胞分裂素；诱导再生茎叶，需采用较高浓度的细胞分裂素和较低比例的生长素/细胞分裂素；诱导再生植株，需根据植物物种特性和对植物激素的敏感性，选择适宜的激素种类和浓度。

锥形瓶中，每瓶接种3~4块，确保愈伤组织与培养基结合紧密但又不破坏培养基的表面。将锥形瓶置于光照培养箱中培养，培养条件为：26~28℃、16/8h光周期、光照强度3000lx、湿度60%~70%。在随后数周的时间里，注意观察愈伤组织的变化情况及器官分化或植株再生的变化。

五、注意事项

（1）植物种类不同，外植体来源的组织或器官及生理状态不同，对各种植物激素的敏感程度也各不相同，对愈伤组织诱导是否成功影响较大。

（2）愈伤组织培养过程中，会出现污染、褐化、玻璃化现象，应经常观察培养物并进行及时处理。

（3）实验操作过程中严格遵守无菌操作原则，按无菌操作要求进行。

六、思考题

（1）诱导愈伤组织的外植体材料有几种来源？
（2）植物激素如何影响愈伤组织分化的方向和结果？
（3）愈伤组织诱导与愈伤组织分化在培养条件上有什么差别？

实验十二 花药培养

植物组织培养和细胞全能性理论认为，任何植物的组织和细胞都具有可逆性、可塑性。花药作为植物生殖器官，在离体培养时，花药组织及花粉囊中的花粉可能以不同于正常发育模式的其他途径进行发育、分化，并形成再生器官或植株，花粉还可能发育成单倍体的孢子体。

单倍体由于其基因型和表现型的一致性，有利于目标性状筛选以及可以通过染色体加倍的方法在较短时间内得到纯合体，因此，在遗传学研究和育种应用中具有重要意义。花药培养被很多实验证明是获得单倍体较为有效的方法。花粉培养是获得脱毒苗的方法之一。

一、实验目的

通过本实验，掌握花药培养的一般程序，特别是花药培养时外植体取材时期、花药消毒处理方法、花粉分离方法及花粉发育时期的判别方法；了解花药培养的几种培养方式。

二、实验原理

花粉母细胞在母体植株上经由正常的减数分裂和单核小孢子有丝分裂，最终都会发育成雄配子体。而离体培养过程中，单核小孢子有丝分裂可能会偏离正常模式，以异常方式进行。如细胞核连续分裂3次，形成类似8核胚囊(雌配子体)的结构，即花粉胚囊；也可能连续多次分裂，形成多细胞结构再分化成胚状体，由胚状体形成单倍体孢子体；或由细胞连续分裂形成愈伤组织，由愈伤组织再分化形成器官或再生植株。因此，在适宜的花药发育时期，对花药进行离体培养，是获取单倍体的有效方法之一。

三、实验材料与器具

1. 实验材料

双子叶植物取花蕾，单子叶植物取果穗。根据不同植物花蕾或果穗的形态特征，确定小孢子发育时期，选小孢子将进行有丝分裂的花蕾或果穗。

2. 实验药品

蔗糖、琼脂、2,4-D、KT、IAA、NAA、次氯酸钠、无水乙醇、醋酸洋红、秋水仙碱等。根据供体植物不同，可选择 MS 培养基、Miller 培养基、Nitsch 培养基、N_6 基本培养基(培养基配方见附录二)。

3. 实验器具

超净工作台、高压蒸汽灭菌锅、植物人工气候箱、磁力搅拌器、电子天平、枪形镊子、解剖刀、酒精灯、锥形瓶、培养皿、容量瓶、量筒、烧杯、移液管、封口膜、无菌滤纸、无菌水、线绳等。

四、实验步骤

1. 取材

用醋酸洋红压片法或显微镜镜检法，确定花蕾或果穗中小孢子发育时期，选取小孢子单核中、后期的花蕾或果穗作外植体材料。

2. 预处理

①将选取的材料在0℃以上低温冷藏一段时间，冷藏温度和时间长短因物种不同而异。如烟草的某些品种在7~9℃预处理7~14d，大麦某些品种在3~7℃处理7~14d，一些水稻品种可在7~10℃处理10~15d。预处理可以提高花粉存活率和愈伤组织诱导率。②用秋水仙素、甘露醇或乙烯利、高浓度糖溶液对花器官进行预处理，如花冠喷施等，可以提高花粉存活率、促进小孢子均等分裂等。

3. 消毒

用75%酒精（或5%次氯酸钠）喷洒或擦拭尚未开放的花蕾表面（或单子叶植物的叶鞘表面）。因花药处于花药培养的适宜时期（单核靠边期），花蕾或颖花尚未开放，花药在花冠包被下处于无菌状态。

4. 接种

在超净工作台上将花冠撕开，用枪头镊子轻轻摘下雄蕊，用眼科剪剪去花丝，使花药落在培养基上，轻轻按压使其密实接触培养基，注意不能损伤花药组织。花器官特别小的植物，可借助解剖镜分离花药。有些植物也可将雄蕊或整个小花序置于培养基上培养，以获得花粉单倍体。也可以通过自然散落或挤压分离花粉，直接接种到培养基上进行花粉培养。

5. 培养

花药培养可以采用3种方式：①在培养皿中用固体培养基培养；②在锥形瓶或塑料培养瓶中用液体培养基（培养基中添加30% Ficoll）培养；③在培养皿中用固体-液体双层培养基培养。花药培养的温度、湿度及光照强度、光周期设置因供体植物而不同。培养过程在人工气候箱或气候室中完成。有些物种在花药培养时，为了提高花粉胚状体发生率或愈伤组织诱导率，在接种花药后给予一段时间低温培养（低温后处理）或较高温度培养（热击处理），之后再转至正常温度下继续培养。

6. 花粉植株诱导

花粉植株诱导的方向因物种差异有所不同。双子叶植物烟草的某些品种，在花药培养时形成胚状体的可能性较大；禾本科植物通常不形成胚状体，而更多形成愈伤组织，将愈伤组织转到分化培养基上培养，诱导其植株分化。

7. 驯化移栽

花粉植株分化完成后，在有植物生长调节剂（如多效唑、NAA、KT）的培养基上继续复壮培养一段时间后，进行炼苗和移栽。在自然光照下炼苗约1周，移栽时应选择适宜温度，避免高温。温室应保持较高湿度（80%~90%）和较低的温度16~20℃，温度过高或过低都将影响植株的成活率。另外，再生植株根系不发达，应保持较高的土壤含水量。

8. 单倍体鉴定及二倍化

单倍体鉴定可采用显微镜镜检方法，观察花粉植株茎尖或根尖细胞核染色体数目。用秋水仙素处理使染色体加倍，具体方法：①把幼小的花粉植株浸入无菌秋水仙素溶液中，溶液浓度依物种略有差异，一般为0.4%左右，处理时间通常为72~96h，处理后转入培养基上继续培养。②把含有秋水仙素的羊毛脂涂于花粉植株的腋芽部位，切除顶芽促使其侧芽发育，并形成二倍体芽。

五、注意事项

(1) 注意花药培养和花粉培养的区别。花药培养属于组织培养，花粉培养属于单细胞培养，其采用的培养方式和培养基不同。花粉培养可采用平板培养法、液体浅层培养法、微室培养法等细胞培养方法，其他步骤与花药培养相同。

(2) 分离花药时不能损伤花药，如果材料损伤，应及时丢弃，避免在培养过程中形成二倍体愈伤组织，影响再生植株倍性。

(3) 并非任何时期的花粉都能诱导出花粉植株，因此应准确确定花粉发育时期。大多数植物的花粉在小孢子单核中、后期对离体培养敏感，此时诱导花粉植株成功率较高。

(4) 花药培养效果可以用污染率、褐化率、愈伤化率、胚状体诱导率、再生苗分化率等指标考察。

六、思考题

(1) 花药培养与花粉培养的产物是否相同？
(2) 为什么要对花药培养产物进行单倍体鉴定？
(3) 为什么说花粉发育时期决定花药培养能否成功？
(4) 如何观察鉴定单倍体植株染色体？

实验十三　胚培养

胚培养是指对植物成熟或未成熟的胚及胚器官进行离体培养以获得完整植株的组织培养技术。培养对象可以是成熟胚、幼胚(未成熟胚)，也可以是胚乳、胚珠、子房等。在植物育种及品种改良中，胚培养技术应用已有几十年的历史。通过胚培养可以有效缩短育种周期，进行稀有植物的繁殖；对于远缘杂交不能获得成熟种子的，可以利用未成熟胚培养获得杂种植株，从而克服远缘杂交不育性；胚乳培养可以获得三倍体植株。胚培养还用于促进休眠种子发芽、种子活力快速测定等。

一、实验目的

通过本实验，掌握胚培养的原理、方法及不同培养材料的分离方法，了解胚培养的应用价值、成熟胚与未成熟胚在培养基组成上的差异，以及胚与胚器官的培养差异等。

二、实验原理

通过培养基中的激素刺激或丰富营养物质滋养使成熟胚或未成熟胚以及胚器官等在离体培养条件下，以不同的途径和方式发育成完整植株。如在含有一定浓度蔗糖的半固体培养基上，成熟胚可以正常生长成幼苗，而未成熟胚可以越过正常的胚发生过程的某个阶段，直接长成幼苗，及早熟萌发。胚培养的最大意义在于可以通过胚挽救获得远缘杂交不育的植株。

三、实验材料与器具

1. 实验材料

玉米、小麦、水稻的成熟或未成熟种子，十字花科(荠菜)或豆科(大豆、绿豆)植物的种子。

2. 实验药品

MS培养基和White培养基(见附录二)，2,4-D、6-BA、KT、IAA、蔗糖、琼脂、无菌水、酒精、次氯酸钠、盐酸硫胺素、盐酸吡哆醇、烟酸等。

3. 实验器具

超净工作台、高压蒸汽灭菌锅、植物人工气候箱、磁力搅拌器、电子天平、枪形镊子、解剖刀、解剖针、酒精灯、培养皿、容量瓶、量筒、烧杯、移液管、封口膜、无菌滤纸、无菌水、线绳等。

四、实验步骤

1. 取材

选取遗传背景一致、处于同一发育时期的植物子房或胚珠(栽培植物最好)，也可选择处于某一特定发育时期的子房或胚珠。要选择开花、结实习性有规律的植物，以便大量采集，保证各组实验材料充足、性状一致。

2. 消毒

将采集的子房或胚珠用0.3%~0.6%次氯酸钠或次氯酸钙溶液进行表面消毒。可短时间浸泡或用蘸有消毒液的脱脂棉球擦拭表面，然后在超净工作台上剥离出胚。胚因受到珠被和子房壁的保护，剥离前处于无菌状态，因此无需再消毒。

3. 胚的剥离

成熟胚只需要剖开种子即可分离出独立的胚体。未成熟胚在剖开种子后，仔细找到胚所在位置，将胚体分离出来并尽量清除周围的胚珠组织。特别小粒的种子可借助解剖镜分离。为了防止胚分离时干燥皱缩影响胚活性，分离小粒种子的胚时要在有凹穴的载玻片上进行，凹穴中加入少量液体培养基或无菌水。

4. 接种及培养

分离出的胚或未成熟胚立即转入培养基中进行培养。成熟胚在基本培养基中添加适量蔗糖和植物激素、维生素等即可满足生长需求，采用平板培养方式。未成熟胚根据胚发育处于异养期还是自养期选择适宜的培养基，在培养方式上，可采用胚乳看护培养或胚柄看护培养（胚柄对幼胚发育有促进作用），采用平板培养。

胚在不同发育时期对培养基的要求如表13-1和表13-2所列。

表13-1 双子叶植物荠菜胚发育时期及营养需求（Raghavan，1966）

发育时期	营养需求
球形胚早期	小于40μm时需求不详
球形胚晚期	基本培养基（大量元素+微量元素+维生素+2%蔗糖）+IAA（0.1mg/L）+激动素（0.001mg/L）+硫酸腺嘌呤（0.001mg/L）
心形胚期	基本培养基
鱼雷形胚	大量元素+维生素+2%蔗糖
拐杖形胚及成熟胚	大量元素+2%蔗糖

大量元素：480mg/L Ca(NO_3)$_2$·$4H_2O$，63mg/L $MgSO_4$·$7H_2O$，63mg/L KNO_3，42mg/L KCl，60mg/L KH_2PO_4。

微量元素：0.56mg/L H_3BO_3，0.36mg/L $MnCl_2$·$4H_2O$，0.42mg/L $ZnCl_2$，0.27mg/L $CuCl_2$·$2H_2O$，1.55mg/L (NH_4)$_6Mo_7O_{24}$·$4H_2O$，3.08mg/L 酒石酸铁。

维生素：0.1mg/L 盐酸硫胺素，0.1mg/L 盐酸吡哆醇，0.5mg/L 烟酸。

表13-2 单子叶植物大麦胚形态及营养需求（Jensen，1976、1977）

培养基组成	C-17（单倍体胚）(mg/L)	C-21（发育完好胚）(mg/L)	C-45（幼胚）(mg/L)
大量元素			
KNO_3	300	300	900
$CaCl_2$·$2H_2O$	250	—	400
$MgSO_4$·$7H_2O$	325	300	300

(续)

培养基组成	C-17（单倍体胚）(mg/L)	C-21（发育完好胚）(mg/L)	C-45（幼胚）(mg/L)
$(NH_4)_2SO_4$	—	—	60
$NaH_2PO_4 \cdot H_2O$	100	—	75
KCl	150	300	—
KH_2PO_4	150	500	170
$Ca(NO_3)_2$	—	500	300
NH_4NO_3	200	—	500
微量元素			
KI	0.10	—	—
H_3BO_3	0.5	15.0	1.0
$MnSO_4 \cdot 4H_2O$	0.5	—	5.0
$ZnSO_4 \cdot 7H_2O$	0.25	—	5.0
$Na_2MoO_4 \cdot 2H_2O$	0.012	—	0.25
$CuSO_4 \cdot 5H_2O$	0.012	—	0.012
$CoCl_2 \cdot 6H_2O$	0.012	—	0.012
柠檬酸铁	3	20	20
Fe·EDTA	17.5	10	28
维生素			
尼克酰胺	—	—	1.0
盐酸硫胺素	0.25	10	10
盐酸吡哆醇	0.25	—	1.0
肌醇	50	150	100
泛酸钙	0.25	—	—
甘氨酸	0.75	—	—
抗坏血酸	0.5	—	1.0
氨基酸			
谷氨酰胺	—	—	600
谷氨酸	150	300	—
丙氨酸	30	—	100
精氨酸	20	50	—
亮氨酸	10	—	—
苯丙氨酸	20	—	—
天冬氨酸	30	100	100

(续)

培养基组成	C-17(单倍体胚) (mg/L)	C-21(发育完好胚) (mg/L)	C-45(幼胚) (mg/L)
脯氨酸	50	50	—
缬氨酸	10	—	—
丝氨酸	25	25	50
苏氨酸	10	—	100
赖氨酸	10	—	—
蔗糖	60 000	45 000	45 000
pH	5.5	5.5	5.8

各培养基中的附加成分如下：

C-17：500mg 柠檬酸溶于 50mL 蒸馏水中，用 $NH_3·H_2O$ 调节 pH 到 5.3。300mg Tris-柠檬酸钾加到配好的培养基中，用 KOH 调节 pH 到 5.5。培养基过滤灭菌。

C-21：50mg 柠檬酸溶于 50mL 蒸馏水中，用 $NH_3·H_2O$ 调节 pH 到 5.0，加入培养基，用 KOH 调节 pH 到 5.5。培养基过滤灭菌。

C-45：300mg 苹果酸溶于 50mL 已溶解 300mg 柠檬酸的蒸馏水中，用 $NH_3·H_2O$ 调节 pH 到 5.0。

5. 培养条件

25~30℃的培养温度适合大多数植物胚培养，有些特殊植物可根据其特性设置温度。光照对成熟胚培养影响不显著，幼胚培养时可采取弱光或完全黑暗，因有些植物的幼胚发育受光照抑制。

五、注意事项

(1)胚培养最重要的问题是针对培养对象找到适宜的培养基，使处于不同发育时期的胚在离体条件下发育成熟。成熟胚可在组成成分较为简单的培养基上发育生长，未成熟胚则需要更为复杂的由多种维生素、植物激素维持的营养条件。

(2)胚的剥离方法因植物种类和胚龄不同而异。

六、思考题

(1)胚培养的类型有几种？不同时期的胚在培养时应注意哪些问题？

(2)胚培养的意义是什么？可在哪些方面发挥作用？

(3)由子房或胚珠中分离的胚是否需要进一步消毒处理？

实验十四　细胞悬浮培养

细胞悬浮培养是指在液体培养基中和不断振荡的状态下，对来自植物叶片或愈伤组织的细胞进行培养，以获得单细胞或小细胞团构成的均质细胞悬浮液的培养方法。细胞悬浮培养可分为分批培养和连续培养两种类型。通过细胞悬浮培养获得单细胞或小细胞团，可对细胞特性、细胞代谢进行研究，也可有针对性地筛选突变细胞或在细胞水平诱导多倍性，或将获得的单细胞作为基因转化受体；在生产领域，可利用细胞悬浮培养生产天然产物或进行生物转化，生产药物原料。

一、实验目的

通过本实验，掌握细胞的分离方法、细胞悬浮培养体系建立方法、继代培养方法，以及细胞悬浮培养状态监控方法。

二、实验原理

20世纪初，Haberlandt分离显花植物单个叶肉细胞进行培养。此后，很多研究表明植物离体细胞不仅可以培养，还可以产生完整的植株。由此可知，单个细胞或小细胞团在液体培养基中，在有一定浓度容积氧存在及适宜的培养温度条件下，可以分裂增殖获得大量细胞。培养过程中的不断振荡可以增加液体培养基中的容氧浓度。

三、实验材料与器具

1. 实验材料

植物愈伤组织或双子叶植物新鲜叶片。

2. 实验药品

1/4MS培养基或1/2MS培养基（见附录二）、D-葡萄糖、2,4-D、ZT。

3. 实验器具

尖头镊子、解剖刀、眼科剪、150mL锥形瓶、直径3cm培养皿、直径9cm培养皿、蜡膜、封瓶膜、无菌滤纸、电子天平、恒温振荡培养箱、超净工作台、高压蒸汽灭菌锅、磁力搅拌器等。

四、实验步骤

细胞悬浮培养分为分批培养和连续培养两种类型，本实验介绍分批培养。

1. 来自愈伤组织的细胞悬浮培养

本实验开始前4~6周进行植物愈伤组织诱导。愈伤组织形成后，选取结构疏松、分裂旺盛的淡黄色新鲜愈伤组织进行1~2次继代培养。

本实验开始时，先将预先准备的装有液体培养基的锥形瓶、装有愈伤组织的培养皿或锥形瓶移入超净工作台，用75%酒精棉球擦拭玻璃器皿表面进行消毒，然后按无菌操作方法进行材料转接。选结构疏松的愈伤组织移入装有30~50mL液体培养基的锥形瓶中，接种后,可用镊子轻轻按压愈伤组织使其散碎,但不要切割细胞团。将瓶口封闭后,置于旋转式恒温振荡培养箱中,固定好锥形瓶,设置适宜培养温度及摇床转速。大多数植物细胞可采用 25~26℃、100~120r/min、16h/d 弱光或黑暗培养。

振荡培养 2 周后,进行继代培养。继代时用新鲜培养基换掉 60%~75% 原有培养基,同时筛除大块褐色的愈伤组织,只保留小块黄色新鲜愈伤组织及小细胞团。经过 4~5 次继代培养,就可以得到较为均匀的小细胞团或单细胞构成的悬浮培养细胞系。

2. 来自植物叶片的细胞悬浮培养

取新鲜的植物叶片,在流水下冲洗 15~20min 去除表面灰尘和杂质,在超净工作台用无菌滤纸吸干表面水分,然后浸于 75% 酒精中 30~40s,取出后再用含 0.05%Triton-X 的 3% 次氯酸钠溶液消毒 30min。之后用无菌水漂洗叶片 3~4 次,用无菌滤纸吸干表面水分后,用机械法或酶解法分离叶肉细胞。

机械法分离叶肉细胞:将叶片剪成小块,取 1.5g 左右放入加有 5~8mL 培养基的玻璃研磨器中研磨成匀浆,用无菌金属细胞筛过滤均浆(先用 61μm 再用 38.5μm 细胞筛过滤),将滤液转入 10mL 离心管中,500~800r/min 离心 5~7min,取上清液,弃掉底层大的组织碎片。上清液在 1000~1500r/min 离心 5min 后,弃去上清液,用剪去先端的宽口枪头移取底层细胞。将细胞小心悬浮在预先准备好的装有一定量液体培养基的培养皿中,注意培养细胞的密度。用蜡膜封口,缓慢旋转培养皿使细胞分散均匀,然后将培养皿放置于旋转式恒温振荡培养箱中并固定好。设置温度 25~26℃,转速 30~40r/min,16h/d 弱光培养或完全黑暗培养。

酶解法分离叶肉细胞:如前所述进行叶片消毒并吸干表面水分。用无菌细镊子撕开叶片下表皮,用解剖刀将暴露出叶肉细胞的部分切成宽 0.3~0.5cm、长 1~1.5cm 的小块,取 1.5~2g 切好的叶片切块放入直径 9cm 的玻璃培养皿中,将过滤灭菌的混合酶液(也可用市售蜗牛酶、离析酶)加入培养皿中,酶液体积以浸没叶片切块为宜。将培养皿用蜡膜密封后置于旋转式恒温振荡培养箱上缓慢振荡,转速 40~50r/min,使细胞逐步消化分离出来。也可将叶片切块放入装有酶液的锥形瓶中,再将锥形瓶置于真空抽滤装置中,抽真空使酶液渗入叶片组织,约 20min 后再将锥形瓶置于摇床上,转速 40~50r/min,1~1.5h。期间可更换 1~2 次酶液。用显微镜检查酶液中所含细胞的数量、类型及消化程度,适时终止酶解过程。将分离出的细胞小心离心除去酶液,再用细胞洗液即 CPW 洗液漂洗 2 次以彻底清除酶液,然后将细胞悬浮在液体培养基中。培养时可根据细胞悬液体积选择用培养皿或锥形瓶。细胞悬液制备完成后,将培养皿或锥形瓶置于旋转式恒温振荡培养箱中,设置适宜的培养温度和转速。大多数植物细胞可采用 25~26℃、30~40r/min、16h/d 弱光培养或完全黑暗培养。细胞在离心纯化时根据植物种类不同选转速 1000~1500r/min、5~7min。

3. 悬浮培养细胞生长状态检查

(1)显微镜检查:细胞悬浮培养过程中,可定期取样进行显微镜检查。镜检时根据细胞核有无以及细胞膨胀状态、胞质环流等可确定培养体系中细胞生长状态、是否有较多死亡细胞。也可用血球计数板检查细胞数量,作出细胞生长曲线。

(2)测定细胞密实体积(PCV):将悬浮培养物摇匀后,用吸管吸取一定容积的细胞悬浮培养物，转入刻度离心管中，离心管尽量选择尖底细口径离心管，可使读数误差更小。1500~2000r/min 离心 5~7min，离心结束后立即取出离心管读数，以离心后形成的斜面中间点对应的刻度为密实体积读数。同时做 3 个重复，读数后计算平均值。

（3）染色法检查：细胞活力可用荧光素双醋酸酯法或伊凡蓝染色法检查。

五、注意事项

（1）用愈伤组织作细胞悬浮培养的起始材料，要注意对愈伤组织类型的鉴定，选择分裂旺盛、结构疏松的愈伤组织。保守型或衰败型愈伤组织不能建立良好的细胞悬浮培养体系，特别是衰败型愈伤组织会直接导致培养的失败。

（2）用植物叶片直接分离细胞时，不要采用单子叶植物叶片。单子叶植物叶肉细胞呈长条状梭形，细胞间连接紧密不易分离，若使用浓度较高的酶液进行消化，会导致细胞膜被破坏，使细胞死亡。若采用机械法分离，梭形细胞由于其长条形状和较大的体积，在研磨过程中容易破裂。另外，其在细胞筛过滤或在离心纯化时也容易被损坏。

六、思考题

（1）建立细胞悬浮培养体系的起始细胞来源有哪几种？
（2）从植物叶片分离细胞有几种方法？需要注意什么？
（3）如何对悬浮培养细胞的生长状况进行检测？

实验十五　马铃薯试管薯的诱导

马铃薯试管薯具有生长周期短、繁殖速度快的特点，并且具有母体的优良特性，可以作为原种繁殖的基础材料。利用马铃薯组织培养的手段，可诱导试管薯，该试管薯可作为马铃薯品质和抗性遗传改良的理想受体材料。

一、实验目的

通过本次实验，熟练掌握马铃薯试管薯诱导的方法和技术，了解马铃薯试管薯生产的过程及操作流程。

二、实验原理

马铃薯(*Solamum tuberosum* L.)是一年生草本块茎植物，是世界上种植和食用国家最多的作物之一，也是在全球经济中继玉米、水稻和小麦之后的第四大作物。其种植面积大、分布广泛、适应性强、产量高、营养丰富，是一种宜粮、宜菜、宜作工业原料等具有多种用途的经济作物。

马铃薯基因组高度杂合，种子后代与原种完全不同，通常采用无性繁殖，才能保持遗传性状与其亲本完全相同，从而可使优良品种特性代代相传。马铃薯在种植过程中易感病毒，并于植株体内增殖，转运和积累于块茎中，世代传递，病毒危害加重，最终失去应用价值。植物组织培养技术在马铃薯育种和试管薯生产等方面的应用成绩显著，如利用茎尖脱毒技术生产脱毒种薯，能够保持优良品种的生产潜力，这也是马铃薯生产的关键环节。

马铃薯试管薯是在离体条件下，通过对培养条件和培养基的调整，诱导脱毒试管苗在容器内生成的1~30g微型脱毒马铃薯块茎。试管薯种性好，使用价值高；繁殖速度快，效率高；休眠期长，利于种薯交流和保存；体积小，重量轻，便于运输，可作为原种繁殖的基础材料；也可作为各种病菌鉴定和检测的指示或对照材料。

本实验利用植物组织培养的基本原理，运用离体的马铃薯试管苗单芽茎段，使其在适宜的环境条件下发育成一个完整的植株；在黑暗环境的诱导下，马铃薯试管苗可以在诱导培养基中结出种薯。

马铃薯试管薯的诱导方法包括：固体培养法、液体培养法、固液双层培养法。其中，液体培养法和固液双层培养法需要繁殖种苗和结薯两个阶段，培养周期长；而固体培养法在全黑暗条件下直接诱导结薯，周期短(约30d)。因此，本实验采用固体培养法诱导马铃薯试管薯。

三、实验材料和器具

1. 实验材料

马铃薯试管苗。

2. 实验药品

MS 基本培养基(如附录二)、75%酒精、95%酒精、6-BA、CCC。

3. 培养基

试管苗增殖培养基：MS 培养基+ 80g/L 蔗糖+ 6g/L 琼脂。

试管薯诱导培养基：MS 培养基＋80g/L 蔗糖＋500mg/L CCC＋5mg/L 6-BA＋6g/L 琼脂。

4. 实验器具

超净工作台、高压蒸汽灭菌锅、电磁炉、蒸馏水器、酸度计、电子天平、酒精灯、解剖刀、剪刀、镊子、试管、培养皿、锥形瓶、低温冰箱、烧杯、移液枪、药勺、量筒、酒精灯、玻璃记号笔、封口膜、火柴、废液杯、无菌滤纸、无菌水、脱脂棉、线绳、搅拌器。

四、实验步骤

1. MS 培养基母液的制备

参照实验三。

2. 生长调节剂母液的配制

称取 50mg 6-BA，先溶于少量 1mol/L 的 HCl 中，再加灭菌后的蒸馏水定容至 50mL，置于冰箱冷藏。

3. 培养基的配制

按照 MS 培养基配方配制增殖培养基和试管薯诱导培养基。

首先称量配制培养基的容器并记录，随后加入培养基总体积 1/3 的蒸馏水，并加热至沸腾，将提前称量好的琼脂和蔗糖缓慢加入，边加边搅拌，煮 2~3min，然后中断电源，加入事先吸取的母液，称重定容，并用 1mol/L 的 NaOH 调整 pH 至 6.0。

将配制好的培养基分装到锥形瓶中，用封口膜封口；高压蒸汽灭菌 20min；灭菌完成后，取出锥形瓶，平放凝固后待用。

4. 接种工具灭菌及超净工作台的消毒

将接种使用的剪刀、镊子及培养皿进行高压蒸汽灭菌 20min，以备用。

超净工作台用紫外灯照射 20min 后，用无菌风吹 10min 方可工作。用 75% 的酒精棉球擦净工作台。接种时先点燃酒精灯，将高压灭菌后的镊子和剪刀浸泡在 95% 的酒精溶液中，然后在酒精灯上灼烧进行再次灭菌，待冷却后使用。

5. 接种

在无菌操作条件下，剪取马铃薯试管苗地上部并置于无菌培养皿中，剪成单节茎段，每段带 1~2 个叶片和腋芽。将茎段分别插入装有不同培养基的培养瓶中，每瓶接种 5 个茎段。

具体操作如图 15-1 所示。

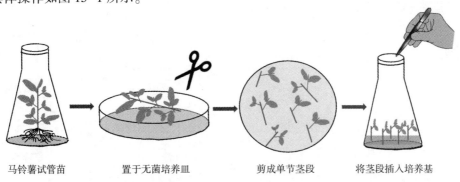

图 15-1 马铃薯试管苗的接种

6. 培养

将接种后的锥形瓶置于培养室,于 24℃±2℃黑暗条件下进行培养。

7. 观察统计

30d 后观察并统计试管薯的诱导率及生长状况:测量单瓶试管薯的个数、单薯大小、重量及纵横径;计算诱导率及评价其生长状况。

五、注意事项

(1)用酒精消毒双手时,反复揉搓双手使酒精挥发完全,以免靠近酒精灯发生危险。

(2)每次用镊子和剪刀时均要灼烧消毒,放到特定的架子上,以免造成交叉污染,并且待冷却后使用,防止对植物材料造成灼伤。

(3)接种时,锥形瓶瓶口打开后,倾斜在酒精灯前灼烧瓶口,随后用镊子插入带芽茎段,注意芽朝上,以免插反;接种过程中要尽量在离酒精灯 10cm 处进行操作,防止污染。

(4)实验结束后,清理超净工作台的废弃物并用消毒酒精擦洗台面。

六、思考题

(1)马铃薯试管薯诱导的意义是什么?

(2)试管薯诱导的关键技术是什么?

(3)马铃薯组织培养的操作技术和注意事项有哪些?

第三部分 原生质体培养

实验十六 原生质体分离与培养

植物原生质体是指除去细胞壁的被质膜所包围的裸露细胞。原生质体虽然没有细胞壁,但仍可以进行植物细胞的各种基本生理活动,如光合作用、呼吸作用、糖类合成以及通过质膜的物质交换等。另外,离体条件下,在适当的培养基上应用适宜的培养方法,分离纯化后的原生质体能够再生细胞壁,并启动细胞持续分裂,直至形成细胞团、长成愈伤组织或胚状体、分化和发育成苗,最终再生成完整植株。

一、实验目的

通过本实验,了解原生质体分离与纯化的原理,掌握酶解法获得原生质体的操作流程,了解植物原生质体培养的意义。

二、实验原理

植物原生质体分离通常采用酶解法,即用各种酶破解植物细胞的细胞壁,从而得到原生质体。这些酶包括纤维素酶、半纤维素酶、果胶酶、纤维素二糖酶等。所加的细胞壁溶解酶的种类和浓度、作用温度、pH以及作用时间等对原生质的活力都有显著的影响。

植物原生质体的纯化是将经酶解处理的原生质体溶液中混杂的破损原生质体、未去壁的细胞、细胞碎片、各种细胞器、微管成分和一些细胞团等组织残渣及酶液除掉,而保留下完整无损伤的原生质体,使原生质体得以净化。

荧光素双醋酸酯(FDA)本身无荧光、无极性,但能穿过完整的原生质膜进入原生质体,并受到原生质内酯酶的分解,产生具有荧光的极性物质,即荧光素。在荧光显微镜下,具有荧光的原生质体即是有活力的原生质体。

三、实验材料与器具

1. 实验材料

马铃薯试管苗。

2. 实验药品

RA培养基(见附录二),MS培养基(见附录二);木糖醇、甘露醇、肌醇、硫酸腺嘌呤、蔗糖、琼脂、75%酒精、95%酒精、6-BA、NAA、IAA、KT、ZT、GA_3、活性碳、纤维素酶、吗啉代乙烷磺酸、聚乙烯吡咯烷酮、离析酶R-10、葡萄糖。

3. 实验器具

超净工作台、高压蒸汽灭菌锅、电磁炉、蒸馏水器、酸度计、天平、酒精灯、解剖刀、剪刀、镊子、试管、培养皿、锥形瓶、低温冰箱、烧杯、移液枪、药勺、量筒、酒精灯、记号笔、封口膜、火柴、废液杯、无菌滤纸、无菌水、脱脂棉、线绳、搅拌器、尼龙网、倒置显微镜、摇床。

四、实验步骤

1. 培养基配制

按照培养基配制方法分别配制以下不同类型培养基。

(1) 原生质体培养基：RA+1mg/L NAA+0.4mg/L 6-BA+0.025mol/L 肌醇+0.025mol/L 山梨醇+0.025mol/L 木糖醇+0.175mol/L 甘露醇+0.05mol/L 蔗糖+0.05mol/L 葡萄糖+40mg/L 硫酸腺嘌呤，pH 5.8。

(2) 愈伤组织培养基：RA+0.1mg/L IAA+0.5mg/L 6-BA+0.1mg/L KT+0.025mol/L 肌醇+0.025mol/L 山梨醇+0.025mol/L 木糖醇+0.175mol/L 甘露醇+0.05mol/L 蔗糖+0.05mol/L 葡萄糖+40mg/L 硫酸腺嘌呤+6g/L 琼脂，pH 5.7。

(3) 分化培养基：RA+0.1mg/L IAA+2.5mg/L ZT+100mg/L 肌醇+0.2mol/L 甘露醇+25g/L 蔗糖+80mg/L 硫酸腺嘌呤+7g/L 琼脂，pH 5.8。

(4) 苗生长培养基：MS+1mg/L IAA+1mg/L 6-BA+10mg/L GA_3+100mg/L 肌醇+2mg/L 甘氨酸+0.08mol/L 甘露醇+25g/L 蔗糖+7g/L 琼脂，pH 5.8。

(5) 生根培养基：MS+0.5mg/L IAA+1mg/L 6-BA+1mg/L KT+100mg/L 肌醇+2mg/L 甘氨酸+30g/L 蔗糖+7g/L 琼脂+5g/L 活性碳，pH 5.8。

2. 酶液准备

1/10 RA 培养基+10g/L 纤维素酶 R-10+5g/L 离析酶 R-10+20g/L 聚乙烯吡咯烷酮+3mmol/L 吗啉代乙烷磺酸+0.3mol/L 蔗糖，pH 5.6。

3. 灭菌准备

培养基、培养皿、移液管、离心管、锥形瓶等器皿采用高温高压灭菌，灭菌后置于超净工作台备用。配制好的酶液用 0.45μm 微孔滤膜过滤灭菌，分装后于-20℃冷冻保存。

4. 原生质体分离

将马铃薯试管苗叶片在无菌培养皿中剪成 0.3~0.5cm 的节段或小片，加入 10mL 酶液，25℃黑暗条件下酶解 14~16h，然后置于培养皿中，40r/min、28℃±0.5℃、200lx 弱光下解离 17~20h，可产生游离的原生质体。酶解处理期间可用解剖针轻轻破碎叶片组织，有利于原生质体的释放，提高其产量。

5. 原生质体纯化

分离出的原生质体用 400 目(孔径 38.5μm)尼龙网过滤，除去较大组织，然后离心

(500r/min, 3~5min) 收集, 并用蔗糖洗液悬浮清洗 3 次, 最后用原生质体培养液洗涤 1 次。

6. 原生质体活力测定

(1) 荧光素双醋酸酯 (FDA) 母液配制: 将 2mg FDA 溶于 1mL 丙酮中作为母液, 4℃ 冷藏贮存。使用时取 0.1mL 母液加在新配制的 10mL 0.5mol/L 甘露醇溶液中, 最终浓度为 0.02%。

(2) 染色观察: 取 1 滴 0.02% 的 FDA 液与 1 滴原生质体悬浮液在载玻片上混匀, 25℃ 室温染色 5~10min。用荧光显微镜观察, 激发光波长 330~500nm, 活的原生质体产生黄绿色荧光。用计数器计算存活率。

7. 原生质体培养

用原生质体培养液调整原生质体密度为 $0.2 \times 10^5 \sim 1 \times 10^5$ 个/mL, 吸 3mL 液体置于培养皿中, 浅层静置培养 (300lx 或暗培养, 25℃±2℃), 48h 可观察到第一次细胞分裂。1 个月左右, 观察形成的愈伤组织。

将愈伤组织转移至固体培养基的培养皿中, 在 1000lx 连续光照、25℃±2℃ 下培养 1 个月。

8. 植株再生

将愈伤组织转移至分化培养基中, 在 2000lx 连续光照下诱导芽分化。待芽长至 1cm 时, 切下转入生根培养基, 促使完整小植株形成。

具体操作流程如图 16-1 所示。

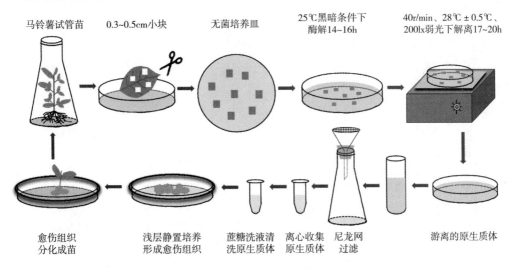

图 16-1 马铃薯原生质体分离培养流程

五、实验注意的事项

(1) 不同叶龄的原生质体产量有较大的差异, 以苗龄 15~20d、刚平展的幼叶最佳。

(2) 酶解时间对于原生质体的分离有较大影响, 应注意酶解浓度与时间组合, 以获得高产优质的原生质体。

（3）酶液 pH 对原生质体产量和活力影响较大，所以在配制酶液时，应准确调节至要求的酶液 pH。

六、思考题

(1) 目前可分离原生质体的材料有哪些？
(2) 原生质体分离和纯化的方法有哪些？
(3) 影响原生质体培养的因素有哪些？
(4) 影响原生质体数量和活力的因素有哪些？
(5) 原生质体培养的意义有哪些？

实验十七　原生质体的融合

原生质体融合是指通过物理或化学方法使原生质体相融合，经培养获得具有双亲全部或部分遗传物质的后代的方法，亦称体细胞杂交。利用原生质体融合技术已在小麦、水稻和玉米等作物中选育出一系列品种。

一、实验目的

通过本实验，了解原生质体融合的原理，掌握原生质体融合的方法，学习原生质体融合的操作流程。

二、实验原理

细胞膜表面有稳定的疏水性基团，具有膜电位，因其静电排斥力，使原生质体不能吸附在一起，但通过一些促融因素，可诱使原生质体发生融合。

化学融合原理：带有阴离子的聚乙二醇（PEG）分子等与原生质体表面的阴离子之间，在 Ca^{2+} 连接下可形成共同的静电键，从而促进原生质体间的黏着和结合。在高 Ca^{2+} 高 pH 溶液中，Ca^{2+} 与质膜结合的 PEG 分子被洗脱，导致电荷平衡失调并重新分配，使原生质体的某些阳电荷与另一些原生质体的阴电荷连接起来，吸附聚合，最后融合在一起。

物理融合原理：对融合槽的两个平行电极施加高频交流电压，产生电泳效应，使融合槽内的原生质体偶极化并沿着电场的方向排列成串珠状，再施加瞬间的高压直流脉冲，使相邻的原生质体膜局部发生可逆性瞬间穿孔，然后原生质体膜连接、闭合，最终融为一体。

三、实验材料与器具

1. 实验材料

两个不同品种的二倍体马铃薯原生质体。

2. 实验药品

Mpscul 培养基、固 1 和 DM 培养基（表 17-1），RA 培养基（见附录二），MS 培养基（见附录二）；木糖醇、甘露醇、肌醇、硫酸腺嘌呤、纤维二糖、蔗糖、葡萄糖、琼脂、75%酒精、95%酒精、6-BA、NAA、IAA、KT、ZT、GA_3、KOH、PEG。

3. 实验器具

超净工作台、高压蒸汽灭菌锅、电磁炉、蒸馏水器、酸度计、电子天平、酒精灯、解剖刀、剪刀、镊子、试管、培养皿、锥形瓶、烧杯、移液枪、药勺、量筒、酒精灯、记号笔、封口膜、火柴、废液杯、无菌滤纸、无菌水、脱脂棉、线绳、搅拌器、倒置显微镜。

四、实验步骤

1. 配制培养基及溶液

（1）原生质体培养基：RA（见附录二）+1mg/L NAA+0.4mg/L 6-BA+0.025mol/L 肌醇+0.025mol/L 山梨醇+0.025mol/L 木糖醇+0.175mol/L 甘露醇+0.05mol/L 蔗糖+0.05mol/L 葡

表 17-1 原生质体培养基组成 (mg/L)

化学成分	含量			化学成分	含量		
	Mpscul	固 1	DM		Mpscul	固 1	DM
KNO_3			1900	$CuSO_4 \cdot 5H_2O$	0.013	0.013	0.013
NH_4Cl			268	$Na_2MO_4 \cdot 2H_2O$	0.13	0.13	0.13
$MgSO_4 \cdot 7H_2O$	900	370	370	盐酸硫胺素	0.5	0.5	0.5
$CaCl_2 \cdot 2H_2O$	900		440	盐酸吡哆醇	0.5	0.5	0.5
KH_2PO_4	170	170	170	甘氨酸	2	2	2
Na_2-EDTA	18.5	18.5	18.5	烟酸	5	5	5
$FeSO_4 \cdot 7H_2O$	13.9	13.9	13.9	生物素	0.05	0.05	0.05
KI	0.42	0.42	0.42	叶酸	0.5	0.5	0.5
$MnSO_4 \cdot 4H_2O$	11.16	11.16	11.16	水解络蛋白	100	100	100
$ZnSO_4 \cdot 7H_2O$	4.3	4.3	4.3	肌醇	4500	100	100
H_3BO_3	3.1	3.1	3.1	蔗糖	8560	25680	2500
$CoCl_2 \cdot 6H_2O$	0.013	0.013	0.013				

萄糖+40mg/L 硫酸腺嘌呤，pH 5.8。

(2) 融合液：30% PEG+10mmol/L $CaCl_2 \cdot 2H_2O$+0.7mmol/L KH_2PO_4+0.1mol/L 葡萄糖，用 1mol/L HCl 和 KOH 调整 pH 至 5.6。

(3) 融合原生质体培养基：Mpscul+0.025mol/L 木糖醇+0.025mol/L 纤维二糖+0.025mol/L 山梨醇+0.175mol/L 甘露醇+0.4mg/L 6-BA+1mg/L NAA+0.05mol/L 葡萄糖，pH 5.8。

(4) 愈伤组织增殖培养基：固 1+0.4mg/L 6-BA+1mg/L NAA+0.025mol/L 肌醇+0.175mol/L 甘露醇+0.075mol/L 蔗糖+6g/L 琼脂，pH 5.7。

(5) 愈伤组织分化培养基：DM+0.3mg/L IAA+2.5mg/L ZT+0.175mol/L 甘露醇+2.5g/L 蔗糖+6g/L 琼脂，pH 5.7。

(6) 生根培养基：MS+20g/L 蔗糖+6g/L 琼脂+0.05mg/L NAA，pH 5.8。

(7) 原生质体融合稀释清洗液：0.08mol/L $CaCl_2$，pH 10，用 1mol/L KOH 调整。

2. 灭菌准备

将配置好的培养基及溶液、培养皿 (6cm×1.5cm)、移液管、离心管等用具高温灭菌后，放在超净工作台内备用。

3. 原生质体化学融合——聚乙二醇 (PEG) 融合法

(1) 将两个不同品种马铃薯原生质体分别用原生质体培养基调整其密度至 $1×10^6$ 个/mL，按 1:1 等比例混合。

(2) 吸取原生质体混合液移入 6cm×1.5cm 培养皿中，静置 3min，使原生质体在培养皿底部形成一薄层。

(3) 用移液枪吸取等量的 (2mL) PEG 融合液缓慢地滴加在原生质体液滴表面 (一滴对

一滴),边加边轻微摇动,使其与原生质体悬浮液充分混合,静置15min。

(4)在倒置显微镜下观察原生质体的融合状态以决定融合时间。

(5)待原生质体相互融合的部分超过3/4时,向原生质体混合液缓慢加入2mL 0.08mol/L $CaCl_2$,室温下静置培养混合物10min并观察。

(6)加入5mL原生质体培养基。

(7)在750r/min下离心5min,去上清液,沉淀物用原生质体培养基重复洗涤2次后进行培养。

4. 融合体培养

(8)将融合后的原生质体置于25℃恒温培养箱中,用Mpscul原生质体培养基进行液体浅层黑暗培养。

(9)融合后的原生质体,2周后长出大量肉眼可见的白色细胞团。

(10)转为固液双层培养,底层为Mpscul固体培养基(Mpscul培养基+0.6%琼脂),上层适当添加新鲜Mpscul液体培养基。

5. 愈伤组织培养阶段

(11)融合体培养两周后细胞团增殖至1mm左右,挑出转至愈伤组织增殖培养基(固1)开始进行光照培养,先经过3~5d的弱光培养锻炼,光周期16h/d,光照强度为1800~2000lx,准确调控温度为25℃±1℃,相对湿度60%左右,此时细胞生长迅速,细胞团逐渐变绿。

6. 愈伤组织分化阶段

(12)愈伤组织增殖约1个月,挑选颜色鲜艳、大小合适的愈伤组织转入DM培养基上,置于光照强度3000~4000lx、温度20℃±2℃条件下进行愈伤组织分化培养,每月继代一次,直至分化出芽。

7. 芽生根成苗阶段

(13)待小芽长至1cm左右,切下转入生根培养基。

具体操作流程如图17-1。

五、实验注意的事项

PEG相对分子质量越大,则凝聚力越强,越能缩短融合时间。相对分子质量小于1000,一般不能使原生质体凝聚,常用相对分子质量大于1540;最佳融合时间为大部分原生质体吸附成二体,少量出现三体时,开始分次加入稀释清洗液,所以操作过程要迅速,融合后要轻拿轻放。

六、思考题

(1)植物原生质体融合机理是什么?

(2)PEG融合法的实验操作及注意要点有哪些?

(3)植物原生质体融合的方法包括哪些?

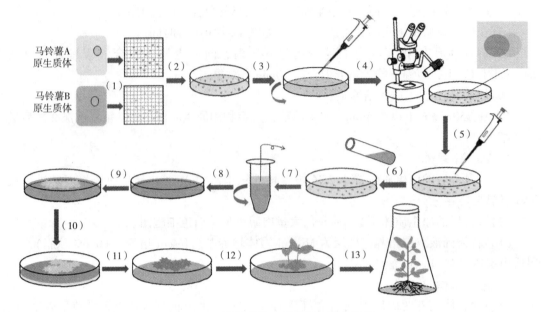

图 17-1 马铃薯原生质体融合再生流程

第四部分 次生代谢调控与检测

实验十八　毛状根的诱导及增殖培养

植物被发根农杆菌浸染，其受伤部位可以产生大量的毛状根（又称为发状根）。毛状根是整个植株或单个细胞、某一器官、组织甚至原生质体被发根农杆菌浸染时所表现的一种病理现象。毛状根具有较高的分化水平、稳定的遗传特性和较强的合成次生代谢物的能力等优点。

一、实验目的

通过本实验，掌握诱导毛状根的原理和技术。

二、实验原理

发根农杆菌（*Agrobacterium rhizogenes*）接触植物伤口后，将 Ri 质粒 DNA 转移到植物基因组，表达产生的不定根也称毛状根（又称为发状根，hairy roots）。Ri 质粒中包含控制植物激素、细胞分裂素和冠瘿碱等物质生物合成的相关编码基因，所以毛状根不仅可以稳定遗传，还能够在未添加外源激素的培养基中快速生长繁殖。

三、实验材料和器具

1. 实验材料

西兰花种子。

农杆菌：发根农杆菌菌株 ATCC15834。

2. 实验药品

MS 基本培养基（见附录二）、YEB 培养基（$MgSO_4 \cdot 7H_2O$ 4g/L、牛肉膏 5g/L、蛋白胨 5g/L、酵母浸粉 1g/L，pH 7.4）、乙酰丁香酮（AS）、羧苄青霉素二钠（CB）、卡那霉素（Kan）、IBA、NAA、6-BA、75%酒精、1% NaClO 溶液、蔗糖。

3. 实验器具

高压蒸汽灭菌锅、可见分光光度计、镊子、锥形瓶、量筒、剪刀、超净工作台、电子天平、pH 计、光照培养箱、控温摇床。

四、实验步骤

(一)无菌苗的获得

取西兰花种子(当年生、籽粒饱满),于自来水下冲洗 30min,用 75%酒精消毒 20s,在超净工作台用无菌水反复冲洗 3 次,再用 1% NaClO 消毒 4min,最后用无菌水冲洗 4~5 遍,接种于培养基上(MS+蔗糖 30g/L+琼脂 5g/L,pH 5.8),培养 20d 得到无菌苗。

(二)毛状根的诱导与增殖

1. 菌种活化

将保存于-70℃冰箱中的 ATCC15834 菌种在超净工作台中接种于 YEB 液体培养基中,摇床转速 180r/min,温度为 28℃,暗培养 24h。将培养后的菌液在超净工作台中吸取 1mL 接种于 YEB 液体培养基,180r/min、28℃暗培养 4~6h,待菌液处于对数生长期时供浸染使用。

2. 预培养

在超净工作台中用灭菌后的剪刀剪取培养 20d 的无菌苗叶片,切成 0.5cm^2 左右,用接种针进行伤口处理,接种于预培养的培养基(MS+蔗糖 30g/L+琼脂 5g/L),25℃黑暗预培养 4d,用于侵染。

3. 浸染与共培养

在超净工作台中用已活化的 ATCC15834 浸染预培养后的叶片(浸染菌液浓度:在波长为 600nm 下,菌液 OD 值为 0.3;浸染温度为 25℃),期间不停摇动,使农杆菌完全与叶片伤口接触。用无菌滤纸吸干多余的菌液,将叶片接种于共培养的培养基上(MS+30g/L 蔗糖+5g/L 琼脂+100μmol/L AS),25℃暗培养 4d;将共培养后的叶片转接于培养基(MS+30g/L 蔗糖+5g/L 琼脂+2g/L CB 或 Kan)上,25℃、黑暗条件下进行诱导培养。

4. 除菌与增殖

剪切诱导获得的毛状根,接种于除菌培养基(MS+30g/L 蔗糖+5g/L 琼脂+2g/L CB 或 Kan),每隔 4d 转接一次,观察除菌情况。待除菌完全后,剪取 2~3cm 的毛状根接种于 MS 液体培养基中进行增殖培养,每 10d 更换一次培养液。

五、实验注意的事项

(1)浸染材料必须进行预培养,以提高转化率。
(2)浸染菌液浓度要准确,以提高转化率。
(3)除菌要彻底,以防影响后期的增殖。

六、思考题

(1)影响毛状根诱导率的因素有哪些?
(2)毛状根增殖培养需要注意哪些问题?

实验十九　西兰花毛状根萝卜硫素合成代谢调控

萝卜硫素是经黑芥子酶酶解得到的一种异硫氰酸酯类化合物，具有较强的抗癌活性。虽然西兰花种子中含有一定量的萝卜硫素，但是其传统的育种方法复杂，周期长，种子价格昂贵，面对市场的大量需求，仍不能满足，并且萝卜硫素化学合成由于工序复杂较难实现工业化生产。毛状根生长迅速，可以合成大量的次生代谢产物，所以经过优化西兰花毛状根培养体系，增强西兰花合成代谢萝卜硫素的能力，是通过毛状根培养生产萝卜硫素的一条可行途径。

一、实验目的

通过本实验，掌握西兰花毛状根萝卜硫素合成代谢调控的原理和操作，熟练掌握萝卜硫素的提取与检测方法、高效液相色谱仪的使用方法。

二、实验原理

植物在遭受自然界不利环境因素胁迫时，植物细胞便会开启自身防御体系，合成植保素，向形成次生代谢产物的方向转换，这种能使植物细胞产生植保素的外界因子统称为诱导子。诱导子可分为生物诱导子和非生物诱导子。生物诱导子即为从生物体中获得的诱导子，主要为微生物类诱导子，如真菌类、细菌类、病毒类等。非生物诱导子种类繁多，主要是指物理和化学因子，其中应用最广泛的为有机化合物茉莉酸类和水杨酸等。

诱导子启动植物自身防御系统的同时，能使次生代谢产物的合成增加。诱导子的调控主要分为以下3个连续步骤：①细胞识别诱导子信号；②植物体内信号的转导和级联放大效应；③特定的信号分子诱导刺激特异性次生代谢产物的生成。

三、实验材料和器具

1. 实验材料

西兰花毛状根，芥子种子，青霉菌。

2. 实验药品

MS基本培养基（见附录二）、PDA培养基（200g/L马铃薯+20g/L葡萄糖+15g/L琼脂）、PDA液体培养基，IBA、色谱甲醇、去离子水、生理盐水、乙酸乙酯等。

3. 实验器具

高效液相色谱仪、低温冷冻干燥机、控温摇床、旋转蒸发仪、超声波、高压灭菌锅、可见分光光度计、剪刀、镊子、0.45μm有机滤膜、微量进样器等。

四、实验步骤

（一）生物诱导子（青霉菌）对西兰花毛状根萝卜硫素累积的调控

1. 青霉菌诱导子的制备

青霉菌培养：将青霉菌接种于PDA培养基上，28℃下活化7d后，取菌丝体接种于PDA液体培养基中，28℃、180r/min黑暗培养，一周后过滤取菌丝体待用。

诱导子的制备：将在 PDA 液体培养基中培养的菌丝体抽滤，用蒸馏水反复冲洗，而后加入 8 倍体积的生理盐水，25℃下在超声波中振荡 30min 以破碎菌丝体，3000r/min 离心 15min，吸取上清液，121℃高温高压灭菌 20min 所得粗提物即为真菌诱导子。用蒽酮比色法测定诱导子粗提物中多糖的含量，以多糖含量计算诱导子浓度。

2. 不同浓度的青霉诱导子对西兰花毛状根增殖和萝卜硫素代谢的效应

黑暗培养西兰花毛状根 15d，添加不同浓度（0μg/mL、5μg/mL、10μg/mL、20μg/mL、30μg/mL）的青霉菌诱导子，继续在暗处培养至 21d，每个处理重复 5 瓶，用高效液相色谱法检测毛状根和培养基中萝卜硫素含量。

(二) 非生物诱导子 [水杨酸 (SA)、茉莉酸 (JA)、茉莉酸甲酯 (MeJA)] 对西兰花毛状根萝卜硫素累积的效应

1. 不同种类不同浓度的非生物诱导子对西兰花毛状根萝卜硫素含量的效应

添加不同浓度 SA（0μmol/L、10μmol/L、50μmol/L、100μmol/L、150μmol/L、200μmol/L）、MeJA（0μmol/L、10μmol/L、50μmol/L、100μmol/L、150μmol/L、200μmol/L）、JA（0μmol/L、10μmol/L、50μmol/L、100μmol/L、150μmol/L、200μmol/L）暗培养西兰花毛状根，每个实验 3 次重复，待生长至 15d 时，用高效液相色谱仪测定毛状根中的萝卜硫素含量及液体培养基中的萝卜硫素含量。

2. 不同种类的信号分子对不同生长时期西兰花毛状根增殖及萝卜硫素含量的影响

选择 MeJA 浓度为 100μmol/L，JA 浓度为 150μmol/L，SA 浓度为 200μmol/L，在西兰花生长的不同时期（0d、3d、6d、9d、12d、15d）加入这 3 种信号分子，每个实验 3 次重复，待生长至 18d 时，利用高效液相色谱仪检测毛状根和培养基中的萝卜硫素含量。

(三) 西兰花毛状根及培养基中萝卜硫素的提取与检测

1. 酶液的提取

取新鲜的芥子粉，按照 1:20 加入蒸馏水，25℃超声振荡 30min 后，经抽滤除杂得芥子酶液。

2. 毛状根中萝卜硫素的提取

将不同处理的样品经真空冷冻干燥后研磨成粉末，按 1:2 加入芥子酶液，室温下静置 1h；按料液比为 1:20(g/mL) 用 95%乙醇浸提 1h，辅助超声提取 30min；过滤，将滤液倒入旋蒸瓶中，60℃浓缩，除去乙醇；用蒸馏水和乙酸乙酯按 1:1 的比例反复萃取 3 次，合并乙酸乙酯相，倒入旋蒸瓶中，60℃浓缩至膏状，用 10mL 的色谱纯甲醇溶解待用。

3. 培养基中萝卜硫素的提取

按培养基体积和乙酸乙酯体积比为 1:2 反复萃取 3 次，合并乙酸乙酯相，倒入旋蒸瓶中，60℃浓缩至膏状，用 10mL 的色谱纯甲醇溶解待用。

4. 萝卜硫素的检测

取 2mL 萝卜硫素提取液，过 0.45μm 有机系滤膜后进行高效液相色谱分析（HPLC）。

HPLC 检测条件：色谱柱型号为 TP5-3260，C18（150mm×4.6mm，5μm）；流动相为 V(甲醇)：V(水)= 35:65；流速为 0.8mL/min；柱温 30℃；检测波长 201nm；进样量 20μL。

标准曲线绘制：用移液枪准确移取 5mL 甲醇于 5mg 萝卜硫素标准品中，配制成浓度为

1.0mg/mL 的标准溶液,逐级稀释成浓度为 500μg/mL、250μg/mL、125μg/mL、62.5μg/mL 的标准溶液。浓度由低至高依次进样,分别进样 3 次,每次 20μL,在上述色谱条件下分析。以萝卜硫素测定的峰面积(Y)为纵坐标,萝卜硫素浓度($\mu g/mL$)为横坐标(X)进行线性回归,得回归方程($Y=3\times10^{-5}X-0.5104$,$R^2=0.999$,式中 X 为峰面积,Y 为萝卜硫素浓度)。

样品萝卜硫素含量检测:分别取 2mL 从毛状根和培养基中提取的萝卜硫素提取液,过 0.45μm 有机滤膜后按照上述的检测条件进行高效液相色谱(HPLC)分析。将所获样品的积分面积代入上述回归方程,即可计算出样品中萝卜硫素含量。

五、注意事项

(1)青霉菌诱导子的浓度配制要准确。
(2)萝卜硫素的提取尽可能减少量的损失。
(3)高效液相色谱仪的使用必须在实验技术人员的指导下严格按照操作流程进行。
(4)检测条件必须调控准确。
(5)上样前样品在有机滤膜的过滤必须充分。
(6)上样前基线一定要稳定。
(7)准确确定样品中萝卜硫素的出峰时间及积分面积。
(8)每检测一个样品后色谱柱必须清洗充分才能进下一个样品。
(9)进样时,切勿于进样阀处漏样品液,以免影响下一个样品的检测。
(10)检测完后必须充分清洗检测柱。
(11)所使用的流动相均应为色谱纯药品。

六、思考题

(1)西兰花毛状根向培养基中释放萝卜硫素的调控因子都有哪些?
(2)利用高效液相色谱仪检测萝卜硫素含量时应注意哪些问题?

附:萝卜硫素的高效液相色谱仪检测图谱(图 19-1、图 19-2)

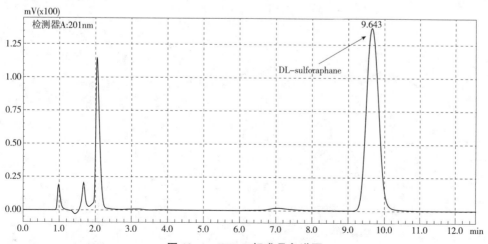

图 19-1 HPLC 标准品色谱图

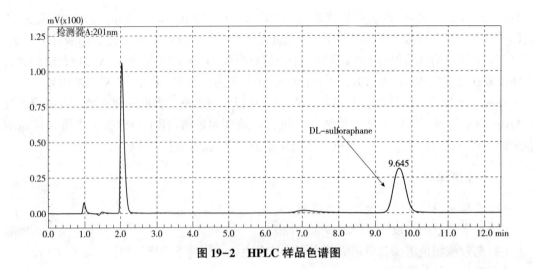

图 19-2　HPLC 样品色谱图

实验二十 人参细胞中人参皂苷合成代谢调控

植物体内含有大量的次生代谢产物如萜类、酚类和生物碱等。植物细胞的全能性是指单个细胞具有全套的遗传信息和生理功能，只要处于适宜的条件下，离体细胞就会通过全能性的表达合成这些次生代谢产物。植物细胞的生长常常受到各种因素的影响，这些因素包括环境因素和营养因素。通过调控这些因素使植物细胞处于产生次生代谢产物最适宜的生理状态，有利于提高次生代谢产物的产量和质量。

一、实验目的

通过本实验，了解影响植物细胞培养合成次生代谢产物的各种因素，分析细胞悬浮培养体系中各种培养因子与细胞生长量和次生代谢产物量之间的关系，掌握植物细胞生长和次生代谢产物生产的培养体系和调控方法。

二、实验原理

植物次生代谢产物的合成和累积与其防御反应密切相关。当受到外界因素干扰时，植物防御反应被激活而启动自身次生代谢产物的合成。因此，利用离体培养细胞对外界的各种反应比较灵敏的特点，建立一个细胞生长迅速、代谢均匀一致、生长环境易于控制的培养系统至关重要。为了提高次生代谢产物的产量和质量，首先要选育或选择优良的悬浮培养的细胞系，要保证植物细胞培养的培养基和培养条件满足植物细胞生长和新陈代谢的需求，添加次生代谢产物的前体物质或某些诱导子，以促进目标代谢产物的合成。

本实验采用培养系统中的植物激素、营养因子和诱导子等因素调控人参细胞悬浮培养合成次生代谢产物的种类和含量。

三、实验材料与器具

1. 实验材料

人参(*Panax ginseng* C. A. Meyer)悬浮细胞系。

2. 实验药品

MS 培养基(见附录二)、2,4-D、KT、琼脂、茉莉酸甲酯(MeJA)、75%酒精、2%次氯酸钠溶液、1.0mol/L NaOH、1.0mol/L HCl。

3. 实验器具

超净工作台、恒温振荡培养箱、高压蒸汽灭菌锅、蒸馏水器、电子天平、酸度计、电热恒温鼓风干燥箱、细菌过滤器、移液器、电炉、微波炉、细胞筛、酒精灯、解剖刀、眼科剪、枪形镊子、试管、培养皿、锥形瓶、烧杯、量筒、酒精缸、玻璃记号笔、封口膜、废液杯、无菌滤纸、无菌水、脱脂棉。

4. 培养基

MS+1.0mg/L 2,4-D+0.3mg/L KT+30g/L 蔗糖，pH 5.8。

四、实验步骤

1. MeJA 母液的制备

制备浓度为 100mmol/L 的 MeJA 溶液，用 0.22μm 滤膜过滤除菌后在 4℃冰箱中保存备用。

2. MeJA 梯度溶液的制备

分别吸取 MeJA 母液 0μL、1μL、2μL、3μL、4μL、5μL、6μL，加蒸馏水定容至 1mL。

3. 人参悬浮细胞的接种

向液体培养基(培养基体积：锥形瓶体积=200mL：500mL)中接入定量的人参悬浮细胞(20mL)，并取等体积的悬浮细胞过 40 目细胞筛，收取鲜细胞，称鲜重，再烘干称干重。

4. MeJA 梯度溶液的添加

在细胞悬浮培养 15d 时分别添加体积为 1mL 的不同浓度 MeJA 溶液。

5. 细胞收获与称重

MeJA 梯度溶液处理 10d 后，即细胞培养至 25d，将细胞培养物分别用 40 目细胞筛过滤，收取鲜细胞，称鲜重，再在 50℃下烘至恒重，称干重。

6. 人参皂苷含量的检测

见实验二十一。

7. 增殖倍数的计算

通过鲜重、干重与初次接种量，计算 MeJA 不同梯度溶液对细胞增殖的影响。

8. 人参皂苷产量的计算

通过人参皂苷的高效液相色谱检测，获得人参细胞中人参皂苷的含量，然后利用含量乘以干重得 MeJA 不同梯度溶液处理后人参皂苷的产量。

五、注意事项

(1)影响植物细胞合成次生代谢产物的因素众多，内因包括培养物的细胞特性、生理状态；外因包括培养基中碳源的种类和浓度、氮源总量及铵态氮与硝态氮的比例、磷元素浓度，生物合成途径上游前体物质对次生代谢产物累积及其支路途径的抑制，细胞防御反应的激素种类及配比与诱导子类型，以及 pH、温度、光照、培养方法、搅拌速度、溶氧量等。实验时在调控可变因子时必须保证不变因子的一致性。

(2)根据实验材料和实验室条件，在进行代谢调节实验之前，必须要建立对应的次生代谢产物的含量检测方法。

六、思考题

(1)影响次生代谢产物生物合成的因素有哪些？
(2)人参皂苷的生物合成途径及调控方式有哪些？

实验二十一　人参皂苷含量测定与成分分析

次生代谢产物(secondary metabolites)是植物体内的一大类细胞生命活动或植物生长发育正常运行非必需的小分子有机化合物，其产生和分布具有种属、器官、组织、细胞及其生长发育期的特异性。在植物细胞培养过程中，会产生很多种类的次生代谢产物，因此，对目的次生代谢产物代谢水平的测定与评价，是揭示次生代谢产物合成途径、优化细胞培养系统的关键技术步骤。大规模细胞培养系统已实现次生代谢产物生产，如人参细胞生产人参皂苷、紫草细胞生产紫草素、黄连细胞生产小檗碱、长春花细胞生产阿吗碱、紫松果菊细胞生产多糖、红豆杉细胞生产紫杉醇等。

一、实验目的

通过本实验，了解细胞悬浮培养过程中次生代谢产物的种类及其产量的变化状态，掌握次生代谢产物含量的测定及成分的分离和鉴定方法。

二、实验原理

植物次生代谢产物大多存在于细胞内，要获得植物细胞次生代谢产物，首先要进行细胞破碎，然后采用特殊的溶剂，提取出所需的次生代谢产物，再采用生物化学分离技术，使目的产物与杂质分离，从而获得符合研究或使用要求的次生代谢产物。提取和分离植物次生代谢产物的操作方法主要有细胞破碎、次生代谢产物的提取、沉淀分离、萃取分离、层析分离、结晶、浓缩与干燥等。次生代谢产物的分析包括定性分析和定量分析，多以比色法、薄层光密度法、薄层扫描法、高效液相色谱法等测定。

人参细胞次生代谢产物主要为人参皂苷(ginsenosides)，由人参皂苷元与多个分子糖结合而成。人参皂苷元根据结构可分为 A 型(人参萜二醇型)、B 型(人参萜三醇型)和 C 型(齐墩果烷型)3 种类型，按照薄层色谱 R_f 值的大小命名为 Ro、Ra、Rb1、Rb2、Rc、Rd、Re、Rf、Rg1、Rg2、Rg3、Rh 等单体皂苷。

三、实验材料与器具

1. 实验材料

人参悬浮培养细胞系。

2. 实验药品

乙腈(色谱纯)、甲醇(色谱纯)、无水乙醇、正丁醇、香草醛、高氯酸、冰乙酸、磷酸、氯仿、人参皂苷单体标准品(Rg1、Re、Rg2、Rb1、Rb2、Rc、Rd、Rg3)。

3. 实验器具

超纯水器、电热恒温鼓风干燥箱、恒温水浴锅、低速离心机、电子天平、紫外可见分光光度计、真空冷冻干燥机、索氏提取器、超声波清洗仪、高效液相色谱仪、薄层层析板、层析缸、移液器、微量进样器、具塞锥形瓶、具塞刻度试管、大孔吸附树脂柱。

四、实验步骤

1. 人参皂苷的提取

(1)取一定体积的人参细胞培养液,3500r/min 离心 20min 得沉淀,用蒸馏水洗涤 3 次,获得鲜细胞。将鲜细胞转移至真空冷冻干燥机中,保持升华界面温度低于共晶点温度,保持较高的真空度,使水蒸气快速逸出。通过系统实时测量变化曲线判断干燥的结束,称量,计算得细胞干重。

(2)精密称取 1g 冰冻干燥的人参细胞,置索氏提取器中,加氯仿 100mL,加热回流 3h,弃去氯仿液,待药渣挥去氯仿,连同滤纸筒移入具塞锥形瓶中,精密加入水饱和的正丁醇 50mL,密封,放置过夜,超声(250W,40kHz)提取 0.5h,过滤、蒸干,得人参皂苷粗品。

(3)人参皂苷粗品加水 10mL,微热溶解,放冷,过预处理好的大孔吸附树脂柱,用 50mL 水洗脱,弃去洗脱液,再用 50mL70%乙醇洗脱,收集洗脱液,挥去乙醇浓缩至干。再溶于 20 倍量的 95%乙醇中超声溶解,抽滤,滤液减压回收至干,得人参皂苷精品,称重。

2. 人参皂苷含量的测定

(1)总皂苷含量的测定:

标准液制备:精密称取人参皂苷 Re 标准品 0.0500g,置于 50mL 容量瓶中,加甲醇充分溶解,并稀释至刻度后摇匀。

样品液制备:精密称取制备的人参皂苷精品 0.0250g,置于 25mL 容量瓶中,加甲醇充分溶解,并稀释至刻度后摇匀。

标准曲线的绘制:精密吸取人参皂苷标准品溶液 0μL、10μL、20μL、30μL、40μL、50μL、60μL,分别置于 10mL 具塞刻度试管中,水浴挥干,分别加入新鲜配制的 5%香草醛-冰乙酸溶液 0.2mL,溶解,再加入高氯酸 0.8mL,于 60℃恒温水浴中准确加热 15min,立即冰浴冷却,并准确加入冰乙酸 5mL,摇匀。以冰乙酸为空白溶液,在 560nm 波长处分别测定各溶液吸光度。以人参皂苷 R_e 浓度为横坐标,吸光度为纵坐标,绘制标准曲线,并获得线性方程。

准确吸取 3 份样品液各 40μL,分别置于 10mL 具塞刻度试管中,水浴挥干,分别加入新鲜配制的 5%香草醛-冰乙酸溶液 0.2mL,再加入高氯酸 0.8mL,于 60℃恒温水浴中准确加热 15min,立即冰浴冷却,并准确加入冰乙酸 5mL,摇匀。在 560nm 波长处分别测定吸光度,再根据标准曲线计算出细胞中的人参皂苷含量(人参皂苷单体含量之和)。人参总皂苷产量的计算公式:

$$人参总皂苷产量(mg/L) = 人参皂苷含量(mg/g) \times 细胞干重(g)$$

(2)皂苷单体含量的测定:采用高效液相色谱法(HPLC)同时测定 8 种人参皂苷单体含量。

色谱条件:色谱柱为 ODS 柱(Kromasil 250mm×4.6mm,5μm),DAD 检测器;流动相为乙腈(A)和 0.4%的磷酸溶液(B),进行梯度洗脱;流速 1.5mL/min,柱温为室温,检测波长 203nm,进样量 10μL。

标准溶液：分别精密称取人参皂苷单体标准品适量，加甲醇稀释至每 1mL 含 Rg1、Re、Rg2、Rb1、Rb2、Rc、Rd 和 Rg3 分别为 3.27mg、1.08mg、0.449mg、0.383mg、0.245mg、0.318mg、0.545mg、0.318mg 的混合溶液，用 0.45μm 滤膜过滤备用。

供试品溶液：精密称取供试品 104.5mg，加色谱级甲醇 20mL，混匀后超声处理 10min，放冷后用 0.45μm 滤膜过滤备用。

线性回归方程：精密吸取标准品溶液 2μL、4μL、8μL、12μL、16μL、20μL，按上述色谱条件分别进样，以进样中人参皂苷质量（Y）对峰面积（X）作图，计算每个单体线的性回归方程。

样品中各皂苷含量的测定：精密吸取样品溶液 10μL，每个样品重复 3 次，注入高效液相色谱仪，按上述色谱条件进行测定，记录峰面积，以 3 次测定结果的平均值作为测定值，计算皂苷单体含量。

3. 人参皂苷成分分析

人参皂苷成分的分离方法有多种，常用的有硅胶柱层析法、薄层层析法（TLC）、高效液相色谱法等。如采用 TLC 分析，与标准品对照，即可定性了解提取物的人参皂苷单体成分。方法如下：

先在 110℃ 烘箱活化薄层层析板 30~60min，用微量进样器吸取人参皂苷单体标准品及样品，点样于层析板上。每份点样量的点样次数依照样品浓度确定，点样后要吹干。将点好样品的层析板放入层析缸的展开剂（氯仿：甲醇：水＝7：3：0.5）中，浸入展开剂的深度为距层析板底边 0.5~1.0cm（切勿将样点浸入展开剂中），密封层析缸，待展开 5.5cm 距离后取出，吹干溶剂，喷洒 10% 浓硫酸水溶液，吹干，在紫外灯下观察斑点。

五、注意事项

（1）如果实验室没有人参细胞系，可以采用人参毛状根、愈伤组织培养物，也可以利用人参属的三七（*Panax notoginseng*）、西洋参（*Panax quiquefolium*）的培养物，再根据细胞系中的次生代谢产物结构和性质，确定适合的提取、分离、纯化和分析的方案。

（2）测定人参皂苷含量时，标准曲线的绘制要在线性范围内，并与实际人参皂苷含量相当，即人参皂苷标准品溶液配制的浓度既不能过高，也不能过低。

六、思考题

（1）植物细胞培养次生代谢产物提取和分离纯化的方法有哪些？
（2）用香草醛-冰乙酸法测定人参细胞中总皂苷含量的原理是什么？

第五部分 病毒脱除与检测

实验二十二　茎尖培养结合热处理脱病毒

植物病毒是限制农业生产的重要因素之一，大多数采用营养繁殖的植物感染病毒后，其营养繁殖的特性使病毒长期积累，导致作物低产、品质不佳和品种退化。马铃薯在种植过程中极易感染病毒，危害马铃薯的病毒有近20种。对植物病毒进行有效检测、控制，培育无病毒苗，是预防植物病毒病的根本途径。植物茎尖培养结合热处理脱病毒技术是许多植物脱除病毒的重要手段，也是生产上用于防治植物病毒病的主要技术。茎尖培养结合热处理脱病毒是指结合植物茎尖携带病毒少和部分病毒遇热不稳定的特点，先进行热处理，然后进行茎尖培养，以达到尽可能脱除大量植物病毒的方法。

一、实验目的

通过本实验，了解植物茎尖培养结合热处理脱病毒的基本原理，熟练掌握植物茎尖脱病毒的基本操作步骤。

二、实验原理

植物病毒在被感染植物体内的运动和扩散包括3个步骤：①病毒从最先感染的细胞通过细胞间传播侵入相邻的细胞；②病毒进入维管束组织而进行长距离的扩散，感染整株植物；③病毒从维管束出来再进入非维管束组织，通过细胞间运动感染整个植株。植物的茎尖分生区域内由于无维管束，病毒只能通过胞间连丝传递，且该区域生长素浓度高，新陈代谢旺盛，病毒扩散速度赶不上细胞分裂的生长速度，因此，在生长点区域病毒的数量极少。越靠近茎尖区域，病毒感染越少，茎尖生长点区域几乎不含或含有很少病毒。在进行茎尖培养时，切取的茎尖越小，带病毒的可能性就越小，但茎尖太小则不易成活。就不同种类的植物和不同的病毒而言，切取茎尖的大小不同，一般长度不超过0.5mm。

热处理也称温热疗法，是植物脱除病毒应用最早和最普遍的方法之一。其原理是利用植物病毒与植物耐热性不同，将植物材料在高于正常温度的环境条件下处理一定时间，使植物体内的病毒钝化或失去活性，而植物的生长受到较小的影响，或在高温条件下植物的生长加快，病毒的增殖速度跟不上植物的生长速度，使植物的新生部分不带病毒。

茎尖培养结合热处理脱病毒是一种效果较好的脱毒方法，可以有效提高脱毒率，特别适用于针对单独热处理或茎尖组织培养难以脱除的病毒。该技术以试管苗为试材,直接进行热处理,所需设备简单,操作方便,不受季节限制,能在较小的空间内同时处理多种材料。

三、实验材料与器具

1. 实验材料

染有病毒的马铃薯植株。

2. 实验药品

MS 基本培养基配方所需各种药品(见附录二),6-BA、NAA、次氯酸钠、酒精、无菌水。

3. 实验器具

解剖镜、超净工作台、解剖针、解剖刀、酸度计、镊子、培养皿、高压灭菌锅、锥形瓶、废液缸等。

四、实验步骤

1. 取材

在马铃薯生长季节,选取生长势旺盛、无明显病虫害且带有病毒的植株,取其腋芽和顶芽(顶芽的茎尖生长要比取自腋芽的快,成活率也高)。为了获得无菌的茎尖,可将供试植株移栽于无菌盆土,在温室内生长。对于田间种植的材料,还可以切取插条,置于实验室的营养液中生长。

2. 灭菌

切取 2~3cm 的新梢,去掉所有叶片,用自来水连续冲洗 0.5~1.0h,然后用 75% 酒精漂洗 30s,用无菌水冲洗 3 次,再用 2% 的次氯酸钠消毒 10min,在消毒过程中需要不停地振荡。最后用无菌水冲洗 3~5 次,吸干水分,置于灭过菌的培养皿上。

3. 脱毒材料的热处理

于 10 倍解剖镜下,用解剖刀切取 1.0~1.5mm 茎尖,将取下的茎尖接种在 MS 培养基上,于 25℃、16h/d 光照的培养箱培养。待茎尖长至 1cm 时,将温度升至 36℃ 高温处理 6~8 周。

4. 茎尖剥离

于超净工作台中,在解剖镜下用解剖刀和解剖针小心除去茎尖周围的小叶片和叶原基,暴露出顶端圆滑的生长点,用解剖刀小心切取所需的茎尖分生组织,最后只保留带一个叶原基的生长点,大小为 0.1~0.2mm。切取的茎尖分生组织随即接种到植物茎尖培养基(MS+0.5mg/L NAA+3mg/L BA+3% 蔗糖+0.7% 琼脂,pH 5.8),以切面接触琼脂,封严瓶口并置于培养室进行离体培养。

5. 茎尖培养

茎尖培养的条件是:温度 23~25℃,光照强度 1390~2780lx,光周期 16/8h。在正常条件下,经过 30~40d 的培养可见到茎尖有明显的增长。继代 2~3 次,然后将其移入生根培养基(1/2MS+1.5% 蔗糖+0.7% 琼脂,pH 5.8)诱导生根。

6. 脱毒苗的移栽

待无菌苗的根长至 1~2cm 长，揭去培养瓶瓶塞，在培养室内炼苗 1~2d。然后将根部的培养基洗净，移栽至装有蛭石和草碳(1∶2)的基质中，注意保持空气湿度，1 周左右即可成活。

7. 病毒检测

幼苗是否带病毒常用的鉴定方法有：甘薯病毒病症状学诊断法、指示植物检测法、电子显微镜检测法和血清学检测法等。

五、注意事项

(1) 一次消毒的芽不宜太多，以免消毒后材料放置时间太长使茎尖发生褐变，影响成活率。

(2) 茎尖的大小是影响成苗的直接因素，同时也是决定脱毒效果的关键因素。茎尖越小，成苗率越低而脱毒率越高，因此在保证存活的情况下，尽量剥小的茎尖进行培养以保证脱毒效果。

六、思考题

(1) 影响茎尖培养脱病毒效果的因素有哪些？

(2) 组织培养的脱毒苗种植到大田后仍有可能重新感染病毒，应采取哪些措施才能合理利用脱毒苗？

(3) 如何在接种过程中尽可能降低污染率？

实验二十三 植物茎尖超低温疗法脱病毒

植物茎尖超低温疗法脱病毒是指利用茎尖分生组织细胞的特点、超低温对植物组织细胞的选择性破坏和病毒于超低温恢复常温过程中的不稳定性特点,结合植物组织培养技术脱除植物病毒的方法。该方法也是近年来应用迅速、脱病毒效率较高的一种脱病毒方法。

一、实验目的

通过本实验,掌握植物茎尖超低温疗法脱病毒的原理,掌握植物茎尖超低温脱病毒的基本操作方法,了解植物脱病毒的其他方法。

二、实验原理

溶液在降温时,首先形成过冷的溶液,若继续降温,当降温速度不够快时,就形成尖锐的冰晶。而将生物材料用一定配方的复合保护剂处理后直接迅速投入液氮中,降温速度足够快,迅速通过了冰晶生长的温度区,从而使细胞进入无定形的玻璃化状态。运用超低温技术几乎可以脱除离体植株所有潜隐病毒。在超低温条件下,细胞代谢活动和生长过程都停止,植物材料处于相对稳定的生物学状态而得以保存,由于植物茎尖分生组织细胞分化程度小,在保存后的再生过程中比其他细胞培养物的遗传性稳定。

三、实验材料与器具

1. 实验材料

带病毒植物的顶芽或侧芽。

2. 实验药品

MS 基本培养基成分(见附录二)、30%甘油、15%乙二醇、15%二甲基亚砜(DMSO)、0.4mol/L 蔗糖、肌醇、液氮。

LS 装载液:MS 基本培养液+0.4mol/L 蔗糖+2mol/L 甘油。

PVS2:30%(W/V)甘油+15%(W/V)乙二醇+15%(W/V)DMSO+0.4mol/L 蔗糖。

3. 实验器具

剪刀、镊子、洗瓶、解剖镜、泡沫盒、水浴锅、计时器、锥形瓶、天平、玻璃棒、培养箱、培养皿。

四、实验步骤

1. 取样

可直接在选定的植株上取顶芽。剪取顶芽茎段 3~5cm,剥去大叶片,用自来水冲洗干净。

2. 装载

在解剖镜下剥取大小约 2mm 含 2~3 层叶原基的茎尖,并置于装载液(60%PVS_2)中,于25℃下处理30min。

3. 玻璃化超低温处理

装载后的茎尖用玻璃化溶液 PVS_2 0℃处理120min，更换1次 PVS_2 溶液后迅速投入液氮，保存70min。

4. 解冻

从液氮中取出茎尖迅速投入40℃水浴中化冻90s，用1.2mol/L蔗糖培养液洗涤2次，每次10min，直到茎尖漂浮在液体表面。

5. 恢复培养

将洗涤后的茎尖转到 MS 培养基上，暗培养7d后转移至自然光下培养，15d后转移到组培室2224lx光照条件下培养。半个月和1个月后分别统计存活率，并将再生株系进行继代培养。

五、注意事项

（1）茎尖的大小是影响成苗的直接因素，同时也是影响脱病毒效果的重要因素。茎尖越小，成苗率越低而脱毒率越高。

（2）超低温脱病毒要注意取材的位置，位于茎尖生长点含有高浓度细胞质的几层分生细胞在脱病毒后容易成活。

六、思考题

（1）影响超低温脱病毒效果的因素有哪些？
（2）除超低温植物脱病毒法以外，还有哪些植物脱病毒的方法？

实验二十四　酶联免疫法检测植物病毒

1971年瑞典学者Engvail和Perlmann、荷兰学者Van Weerman和Schuurs分别报道将免疫技术应用于检测体液中微量物质的固相免疫测定方法，即酶联免疫吸附测定法（Enzyme-Linked ImmunoSorbent Assay，ELISA）。ELISA已成为目前分析化学领域中的前沿课题，它是一种特殊的试剂分析方法，是在免疫酶技术（immunoenzymatic techniques）的基础上发展起来的一种新型的免疫测定技术。

一、实验目的

通过本实验，了解酶联免疫法的实验原理，掌握双抗体夹心ELISA检测马铃薯中卷叶病毒的实验操作技术。

二、实验原理

本实验采用双抗体夹心酶联免疫吸附法（DAS-ELISA）检测马铃薯中卷叶病毒的含量。此方法是马铃薯病毒检测的常规方法。参照《马铃薯脱毒种薯》（GB 18133—2000）和《脱毒马铃薯种薯（苗）病毒检测技术规程》（NY/T 401—2000）中的方法而制定，适用于马铃薯X病毒、Y病毒、A病毒、S病毒、M病毒和PLRV病毒检测。其原理是用纯的马铃薯卷叶病毒（PLRV）抗体包被微孔板，制成固相抗体，使其与样品中马铃薯卷叶病毒（PLRV）相结合，经洗涤除去未结合的抗体和其他成分后再与HRP标记的马铃薯卷叶病毒（PLRV）抗体结合形成抗体-抗原-酶标抗体复合物，经过彻底洗涤后加底物TMB显色。TMB在HRP酶的催化下转化成蓝色，并在酸的作用下转化成最终的黄色。用酶标仪在450nm波长下测定吸光度（OD值），与CUTOFF值相比较从而判定标本中马铃薯卷叶病毒（PLRV）的存在与否。

三、实验材料与器具

1. 实验材料

马铃薯。

2. 实验药品

磷酸二氢钾、磷酸氢二钠、氯化钠、氯化钾、ddH_2O及试剂盒。

3. 实验所采用的试剂盒组成

试剂盒组成	48孔配置	保存
说明书	1份	
封板膜	2片（48）	
密封袋	1个	
酶标包被板	1×48	2～8℃保存
阴性对照	0.5mL×1瓶	2～8℃保存
阳性对照	0.5mL×1瓶	2～8℃保存

酶标试剂	3mL×1 瓶	2~8℃保存
样品稀释液	3mL×1 瓶	2~8℃保存
显色剂 A 液	3mL×1 瓶	2~8℃保存
显色剂 B 液	3mL×1 瓶	2~8℃保存
终止液	3mL×1 瓶	2~8℃保存
浓缩洗涤	(20mL×20 倍)×1 瓶	2~8℃保存

4. 实验器具

酶标仪(450nm)、隔水式恒温培养箱、冰箱(4℃，-20℃)、可调移液枪(1000μL、100~200μL 及与之对应的枪头)、电子分析天平、磨样袋、吸水纸、1000mL 容量瓶。

四、实验步骤

1. 配置试剂

PBS 1(pH 7.4)：磷酸二氢钾(KH_2PO_4)0.27g，磷酸氢二钠(Na_2HPO_4)1.42g，氯化钠(NaCl)8g，氯化钾(KCl)0.2g，加 ddH_2O 至 1000mL。

浓缩洗涤液：20 倍的浓缩洗涤液 20mL，用 380mL 的 ddH_2O 稀释到 400mL。

2. 制样

首先取 10 个土豆样品编号，剪碎，用镊子取 0.2g 放入磨样袋中，向磨样袋加入 1000μL PBS 充分研磨，得到研磨液，将其挤到 1.5mL 的离心管中，离心 20min(2000~3000r/min)。收集上清液，分装后一份待检测，其余冷冻备用。

3. 编号

将样品对应微孔按序编号，每板应设阴性对照 2 孔、阳性对照 2 孔、空白对照 1 孔(空白对照孔不加样品及酶标试剂，其余各步操作相同)。

4. 加被检测的样品

分别在阴性、阳性对照孔中加入阴性对照、阳性对照 50μL，然后在待测样品孔先加样品稀释液 40μL，再加待测样品 10μL。将样品加于酶标板样品孔底部，尽量不触及孔壁，轻轻晃动混匀。用封板膜封板后置于 37℃温育 30min。

5. 加酶标试剂

小心揭掉封板膜，弃去液体，倒扣于吸水纸上轻轻拍打控干。每孔加满洗涤液，静置 30s 后弃去，如此重复 5 次，倒扣于吸水纸上轻轻拍打控干。每孔加入酶标试剂 50μL，空白孔除外。用封板膜封板后置于 37℃温育 30min。

6. 显色

小心揭掉封板膜，弃去液体，倒扣于吸水纸上轻轻拍打控干。每孔加满洗涤液，静置 30s 后弃去，如此重复 5 次，倒扣于吸水纸上轻轻拍打控干。每孔先加入显色剂 A 50μL，再加入显色剂 B 50μL，轻轻振荡混匀，37℃避光显色 15min。

7. 终止及测定

每孔加终止液 50μL 终止反应(此时蓝色立转黄色)。以空白孔调零，在 450nm 波长下依序测量各孔的吸光度(*OD* 值)。测定应在加终止液后 15min 以内完成。

8. 结果判定

试验有效性：阳性对照平均值≥1.00；阴性对照平均值≤0.10。

临界值（CUT OFF）计算：临界值=阴性对照平均值+0.15。

阴性判定：样品（OD 值）< 临界值（CUT OFF）者为马铃薯卷叶病毒（PLRV）阴性。

阳性判定：样品（OD 值）≥ 临界值（CUT OFF）者为马铃薯卷叶病毒（PLRV）阳性。

五、注意事项

（1）试剂盒从冷藏环境中取出后，应在室温平衡 15~30min 后方可使用，酶标包被板开封后如未用完，应将板条装入密封袋中保存。

（2）如果所制的样品及试剂不立即使用，可以将其放入 4℃ 的冰箱中待用。

（3）封板膜及吸水纸只限一次性使用，以避免交叉污染。

（4）在加入洗涤液时，洗涤液不可溢出酶标板。

（5）将酶标板倒置于吸水纸上拍打控干水分时，要注意轻轻拍打，不可力大。

（6）因为终止液为 $2mol/L\ H_2SO_4$，所以一定要注意实验的安全。

六、思考题

（1）ELISA 实验过程中，洗板的目的是什么？

（2）在实验过程中设置阴性和阳性对照的意义是什么？

实验二十五　RT-PCR 法检测植物病毒

RT-PCR(Reverse Transcription-Polymerase Chain Reaction，RT-PCR)即反转录 PCR，是将 RNA 的反转录(RT)和 cDNA 的聚合酶链式扩增反应(PCR)相结合的技术。RT-PCR 技术灵敏而且用途广泛，可用于检测细胞中 RNA 病毒的含量、细胞组织中基因的表达水平和直接克隆特定基因的 cDNA 序列等。

一、实验目的

通过本实验，掌握逆转录 PCR(RT-PCR)基本原理，掌握逆转录 PCR(RT-PCR)的基本操作方法，了解 RT-PCR 法检测植物病毒的操作方法。

二、实验原理

逆转录聚合酶链式反应(RT-PCR)是一种选择性扩增 DNA 的方法，是以 RNA 为起始材料逆转录产生 cDNA，再以 cDNA 为模板进行 PCR 扩增，从而获取目的基因。用于逆转录的酶有多种类型，目前商品化的逆转录酶有：①鼠白血病病毒逆转录酶(MMLV)，有较强的聚合酶活性，RNaseh 活性相对较弱，比较适合长链 cDNA 合成，最适合作用温度为 37℃；②禽类成髓细胞瘤病毒逆转录酶(AMV)，有强的聚合酶活性和 RNaseh 活性，最适合作用温度为 42℃。检测植物病毒的过程中，RNA 的提取效果直接影响检测效果。植物体本身含有大量的多聚糖、多聚酚等物质，它们影响 PCR 扩增，且使用常规方法很难把这些物质去除干净，最后会影响检测的结果。

三、实验材料与器具

1. 实验材料

新鲜提取或 -80℃ 保存的大蒜叶总 RNA。

2. 实验药品

DEPC-H_2O、RNA 抑制剂、基因特异性引物、*Taq* DNA 聚合酶、10×*Taq* DNA 聚合酶配套缓冲液、25mmol/L $MgCl_2$ 溶液(*Taq* DNA 聚合酶配套)、4×dNTP 溶液、逆转录酶(MMLV)、Oligod(T)$_{18}$、TBE 缓冲液、琼脂糖。引物序列如表 25-1 所列。

表 25-1　病毒上、下游引物序列

病　毒	LYSV
上游引物	TTCGTTTACAGCAGCACCC
下游引物	TCCCCAACATCCCAATCCTCC

3. 实验器具

台式冷冻离心机、PCR 热循环仪、制冰机、无菌无 RNase 的 0.2mL PCR 管、可调式移液器、无菌移液器吸头、电热恒温水浴锅、低温高速离心机、Herolab 凝胶成像系统、超低温冰箱、琼脂糖凝胶电泳相关仪器。

四、实验步骤

(1) 取 5μL 总 RNA 和 1μL Oligod(T)$_{18}$ 置于无菌无 RNase 的 0.2mL PCR 管(冰浴操作)。

(2) 充分混匀,65℃温浴 5min 后迅速冰浴冷却,然后依次加入 2μL 10×*Taq* 酶配套缓冲液、2μL 4×dNTP 溶液、0.5μL RNA 抑制剂、1μL(200U) MMLV 逆转录酶。

(3) 轻轻混匀后,在 37℃温浴 60min 逆转录生成 cDNA 的第一条链。

(4) 在 70℃下加热处理 10~15min 终止反应。

(5) 在无菌无 RNase 的 0.2mL PCR 管配制 25μL 反应体系(冰浴操作):依次加入 2.5μL 10×*Taq* DNA 聚合酶配套缓冲液、2μL 4×dNTP 溶液、10pmol 上游引物、10pmol 下游引物、2μL 上述逆转录产物、0.5μL *Taq* DNA 聚合酶。

(6) 将反应混合物混匀,8000r/min 离心 5s。

(7) 将 PCR 管放到 PCR 热循环仪中,按下列程序开始循环:94℃预变性 2min;94℃变性 1min;55℃退火 1min;72℃延伸 1min;30 个循环;72℃延伸 10min;4℃终止反应。

(8) 取 6μL PCR 产物进行 2.0% 琼脂糖凝胶电泳检测。

五、注意事项

(1) 并不是每一种组织或细胞都表达所有的基因,因而某些基因的 mRNA 不存在于组织或细胞中。因此,确定所选材料中是否含有所要扩增的基因模板是实验成败的关键。

(2) 在实验操作过程中 RNA 很容易被降解,而 RNA 的纯度会影响 cDNA 的合成量,因此,在实验操作中要避免被 RNA 分解酶污染,必须戴手套和口罩,而且勤换手套。

(3) 合成 cDNA 的第一条链时,引物可用随机六聚核苷酸或下游引物或 ployT,其中以六聚核苷酸随机引物的效果最好。

六、思考题

(1) 导致 RT-PCR 不出现预期条带的原因有哪些?请根据试验设计进行分析。

(2) 实验步骤中 65℃温浴的目的是什么?

第六部分 种质保存

实验二十六 玻璃化法超低温保存植物组织培养苗茎尖

超低温保存也称为冷冻保存,一般以液态氮(-196℃)为冷源,使温度维持在-196℃。在如此低温下,植物组织细胞的新陈代谢活动基本停止,处于"生机停顿"(suspended animation)状态。在此状态下,材料不会产生遗传变异,可对材料进行长期保存。

超低温保存法于1949年被成功地应用于动物细胞的保存,并于20世纪70年代以来应用于植物材料保存。利用超低温保存植物茎尖和幼胚等较为适宜。这些材料遗传稳定性好、再生能力强,解冻后易于成活和种植,对于冷冻和解冻过程中所产生的胁迫忍受能力也强。

一、实验目的

通过本实验,了解超低温保存的特点与方法、植物种质低温保存的基本操作技术。

二、实验原理

超低温保存的基本程序包括预处理、冷冻处理、冷冻贮存、解冻和再培养。低温冰冻过程中,如果生物细胞内水分结冰,细胞结构就会遭到不可逆的破坏,导致细胞核死亡。植物材料在超低温条件下,冰冻过程中避免了细胞内水分结冰,并且在解冻过程中防止细胞内水分次生结冰而达到保存植物材料的目的。植物细胞含水量大,冰冻保存难度大,投放于液氮中易引起组织和细胞死亡,故需借助冷冻保护剂,防止细胞冰冻或解冻时引起过度脱水而遭到破坏。

三、实验材料与器具

1. 实验材料

植物组织培养苗。

2. 实验药品

LS 装载液:MS 基本培养液+0.4mol/L 蔗糖+2mol/L 甘油。

PVS_2:30%(*W/V*)甘油+15%(*W/V*)乙二醇+15%(*W/V*)DMSO+0.4mol/L 蔗糖。

MS 培养基(见附录二)。

3. 实验器具

超净工作台、高压蒸汽灭菌锅、电磁炉、蒸馏水器、酸度计、天平、酒精灯、解剖刀、剪刀、镊子、试管、培养皿、锥形瓶、低温冰箱、烧杯、移液枪、药勺、量筒、酒精灯、记号笔、封口膜、火柴、废液杯、无菌滤纸、无菌水、脱脂棉、线绳、液氮罐、冷冻管。

四、实验步骤

1. 预培养

选生根良好的健壮试管苗，切取 2cm 茎尖，将其在预培养基上进行培养，预培养的培养基为：1/2MS+蔗糖 80g/L，培养时间约为 2d。

2. 装载试验

茎尖在脱水之前需装载（Loading）。将剥好的小茎尖在室温下浸泡于 LS 装载液（Loading Solution，LS）约 60min。

3. 脱水处理

将茎尖从装载液中转移至无菌滤纸，停留 30s，擦去残余的液体，然后转入植物玻璃化液（PVS_2）中脱水处理 30min。

4. 液氮保存

茎尖脱水处理之后，装入冷冻管中，换一次新鲜的 PVS_2 液，将材料迅速投入液氮（-196℃）中保存。

5. 解冻培养

将保存材料从液氮中取出，快速投入 40℃ 水浴中解冻 90s，然后吸去 PVS_2 液，用含 80g/L 蔗糖的 1/2MS 培养液洗涤 2 次，每次 10min。再转至无激素的 MS 基本培养基上暗培养 3~4d（过渡培养），接着转入光下（光照强度 1200lx），光暗周期 15/9h，温度 20℃±4℃）进行培养，最后统计成活率。

五、注意事项

（1）玻璃化冻存的关键在于严格控制植物材料在玻璃化保护剂中的脱水时间，材料的最佳脱水时间具有种的特异性。

（2）将冻存后的材料置于 25~40℃ 的水浴中解冻，一旦冰完全融化，立即取出材料以防热伤害和高温下保护剂的毒害。

六、思考题

（1）简述植物组织材料冷冻前的预处理。

（2）PVS_2 在冷冻中的作用是什么？

实验二十七　植物生长延缓剂法离体保存植物组织培养苗

种质资源离体保存(germplasm conservation in vitro)是指对离体培养的小植株、器官、组织、细胞或原生质体等材料，采用限制、延缓或停止其生长的处理对其保存，在需要时可重新恢复其生长，并再生植株的方法。种质离体保存有以下优点：①所占空间少，节省大量的人力、物力和土地；②便于种质资源的交流利用；③需要时，可以用离体培养的方法很快大量繁殖；④避免自然灾害引起的种质丢失。研究生长延缓剂对葡萄组织培养苗生长的影响，选出能够延长其保存时间的生长延缓剂种类和浓度水平，可为葡萄种质资源的离体保存提供理论依据和技术支持。

一、实验目的

通过本试验，熟悉和掌握葡萄离体种质保存的方法。

二、实验原理

组织培养是当前植物种质离体保存的主要方法，但频繁继代培养要消耗大量的时间、人力和物力，且随着继代次数的增加，还会导致体细胞无性系变异概率增加，有可能使保存的原始种质丢失。组织培养苗延缓生长的途径主要有调整培养基养分水平、在培养基中添加生长调节物质、提高培养基渗透压、降低培养温度以及培养环境的氧气含量等。通过调控组织培养苗的生长节奏，可以有效减少继代次数，延缓其生长，改良种质离体保存方法。限制生长离体保存技术已成功地应用于猕猴桃、苹果、草莓、柑橘、梨、柿、百合、石刁柏等多种植物。

本实验选用生长延缓剂保存法，在培养基中加入一定量的植物生长延缓剂(CCC、B9和PP333)，以减缓植物细胞的生长，延长保存时间。

三、实验材料和器具

1. 实验材料

葡萄(品种为红提、巨峰、无核白、赤霞珠)的组织培养苗。

2. 实验药品

GS 培养基(见附录二)、75%酒精、灯用酒精、IAA、0.1%$HgCl_2$、白砂糖、甘露醇，生长延缓剂CCC(2-氯乙基三甲基氯化胺)、多效唑(PP333)、B9。

3. 实验器具

超净工作台、高压蒸汽灭菌锅、蒸馏水器、酸度计、电子天平、酒精灯、解剖刀、剪刀、镊子、试管、培养皿、锥形瓶、低温冰箱、烧杯、移液管、量筒、酒精缸、玻璃记号笔、封口膜、火柴、废液杯、无菌滤纸、无菌水、脱脂棉、线绳。

四、实验步骤

1. 生长延缓剂对葡萄组培苗生长的影响

在继代培养基中分别添加不同浓度的生长延缓剂 PP333(0mg/L、1mg/L、2mg/L、

3mg/L、4mg/L、5mg/L）、CCC（0mg/g、150mg/g、200mg/g、250mg/g、300mg/g、400mg/g、500mg/g）、B9（0mg/L、0.2mg/L、0.5mg/L、1mg/L、2mg/L、3mg/L、4mg/L、5mg/L），然后接种试管苗。

2. 恢复生长

将保存120d的经生长延缓剂处理的试管苗重新接入普通继代培养基，进行恢复生长培养。

3. 培养条件

25℃±3℃，光照周期16h/d，光照强度2000lx。

4. 结果调查与统计

接种培养120d后，对试管苗的存活率、株高、生根率、生根数等进行调查。注：植株生长至8.5cm即达到封口膜，最终高度以8.5cm计。每处理接种10瓶，设3次重复，培养180d后统计葡萄带芽茎段的成活率。

成活率=每处理组的成活数/每处理组接种总数×100%

5. 离体保存试管苗的遗传稳定性检测

（1）形态指标测定：将保存180d的试管苗和对照组试管苗一起转接至增殖培养基（GS+0.2mg/L IAA+30g/L 蔗糖+7.5g/L 琼脂），培养条件同上，观察保存苗的芽增殖是否正常。然后切取增殖芽转接至生根培养基（1/2MS+1.0mg/L NAA+20g/L 蔗糖+7g/L 琼脂），培养条件同上。40d后统计试管苗的株高、根数和叶片数等形态指标。

（2）生理生化指标测定：对180d后恢复生长的试管苗和对照组试管苗的部分生理生化指标进行测定。总叶绿素(叶绿素a和叶绿素b)含量测定用丙酮比色法；根系活力测定用TTC法；可溶性糖含量测定用蒽酮比色法；过氧化物酶(POD)活性测定用愈创木酚法。

五、注意事项

（1）在培养基中添加生长延缓剂，可有效抑制各品种葡萄组织培养苗的生长，达到延长保存时间的目的。该方法操作简单，每隔半年以上转接一次可实现常温下中期保存。但应注意在实际工作中，针对不同品种试管苗选用适宜的浓度。

（2）葡萄极易发生不定根，在继代培养基中常有不同数量的不定根出现，将会提高植株的抗逆性，从而对培养基中糖浓度胁迫不敏感。针对不同葡萄品种试管苗，选择性地使用适宜的糖浓度。

六、思考题

（1）葡萄种质繁多，所用种质保存方法是否适于所有基因型？生长延缓剂对葡萄试管苗生长的影响与基因型是否相关？

（2）离体保存的葡萄试管苗是否会发生遗传变异？如何进行遗传稳定性检测？

参考文献

O L 盖博格，L R 韦特，1980. 植物组织培养方法[M]. 北京：科学出版社.

陈德富，陈喜文，2006. 现代分子生物学实验原理与技术[M]. 北京：科学教育出版社.

迪芬巴赫（Dieffenbach CW），德弗克勒斯（Dveksler GS），2005. PCR 技术试验指南[M]. 种康，翟礼嘉，译. 北京：化学工业出版社.

龚一富，2011. 植物组织培养实验指导[M]. 北京：科学出版社.

郭仰东，2009. 植物细胞组织培养实验教程[M]. 北京：中国农业大学出版社.

胡晶，2011. 变温热处理结合茎尖培养脱除沙梨潜隐病毒研究[D]. 武汉：华中农业大学.

孔振辉，申书兴，2013. 植物组织培养[M]. 北京：化学工业出版社.

李钧敏，2010. 分子生物学实验[M]. 杭州：浙江大学出版社.

李俊明，2002. 植物组织培养教程[M]. 2 版. 北京：中国农业大学出版社.

李胜，杨宁，2015. 植物组织培养[M]. 北京：中国林业出版社.

梁国栋，2001. 最新分子生物学实验技术[M]. 北京：科学出版社.

刘健，2008. 草莓热处理结合茎尖脱毒繁育体系的建立[D]. 杭州：浙江大学.

卢翠华，邸宏，张丽莉，2009. 马铃薯组织培养原理与技术[M]. 北京：中国农业科学技术出版社.

马雯，2011. 大蒜茎尖脱毒体系的建立与病毒电镜检测分析[D]. 兰州：甘肃农业大学.

苗琦，谷运红，王卫东，等，2005. 植物组织培养物的超低温保存[J]. 植物生理学通讯（3）：350-354.

彭向永，2003. 小茎尖培养结合热处理脱除樱桃 ACLSV 和 PNRSV 的研究[D]. 杨凌：西北农林科技大学.

彭星元，余皖苏，2013. 植物组织培养技术[M]. 2 版. 北京：高等教育出版社.

宋扬，2014. 植物组织培养[M]. 北京：中国农业大学出版社.

孙敬三，朱至清，2006. 植物细胞工程实验技术[M]. 北京：化学工业出版社.

唐敏，2012. 运用超低温技术脱除梨离体植株潜隐病毒研究[D]. 武汉：华中农业大学.

王蒂，陈劲枫，2014. 植物组织培养[M]. 北京：中国农业出版社.

许蕊，2012. 三种大蒜病毒的 RT-PCR 及多重 RT-PCR 检测研究[D]. 兰州：甘肃农业大学.

袁学军，2017. 植物组织培养技术[M]. 北京：中国农业科学技术出版社.

赵玲玲，宋来庆，梁成林，等，2017. 热处理结合茎尖培养技术对不同富士品种脱毒效果研究[J]. 烟台果树（1）：11-13.

赵亚力，马学斌，韩为东，2006. 分子生物学基本实验技术[M]. 北京：清华大学出版社.

郑春明，2011. 植物组织培养技术[M]. 杭州：浙江大学出版社.

邹建军，李绍臣，王培忠，2009. 黄波罗茎尖玻璃化法超低温离体保存技术的研究.[C]//第二届中国林业学术大会-S2 功能基因组时代的林木遗传与改良论文集. 北京：国家林业局，广西壮族自治区人民政府，中国林学会.

推荐阅读书目

1. 植物组织培养. 2015. 李胜, 杨宁. 北京: 中国林业出版社.
2. 植物组织培养. 2013. 孔振辉, 申书兴. 北京: 化学工业出版社.
3. 植物组织培养. 2014. 王蒂, 陈劲枫. 北京: 中国农业出版社.
4. 植物组织培养方法. 1980. O. L. 盖博格, L. R. 韦特. 北京: 科学出版社.
5. 植物组织培养教程. 2版. 2002. 李俊明. 北京: 中国农业大学出版社.
6. 植物组织培养技术. 2011. 郑春明. 杭州: 浙江大学出版社.
7. 植物组织培养技术. 2017. 袁学军. 北京: 中国农业科学技术出版社.
8. 植物组织培养技术. 2013. 彭星元, 余皖苏. 2版. 北京: 高等教育出版社.
9. 植物组织培养. 2014. 宋扬. 北京: 中国农业大学出版社.
10. 植物组织培养原理与技术. 2010. 李胜, 李唯. 北京: 化学工业出版社.
11. 实用植物组织培养技术教程. 1999. 曹孜义. 兰州: 甘肃科学技术出版社.
12. 植物组织培养实验指导. 2011. 龚一富. 北京: 科学出版社.

附 录

附录一　植物组织培养常用仪器设备及其用途

序号	仪器名称	图片	用途
1	超净工作台		为实验人员提供操作环境的通用型局部净化设备，气流形式为垂直层流，可营造局部高清洁度空气环境，在植物组织培养中可以为无菌操作提供条件
2	高压蒸汽灭菌锅		适用于医疗卫生、科研、农业等单位，对医疗器械、玻璃器皿、培养基等进行高温高压灭菌
3	电子天平		用于称量物质质量
4	CO_2培养箱		是细胞、组织、细菌培养的一种先进仪器。是在普通培养的基础上加以改进，主要是能加入CO_2，以满足培养物所需的气体环境。CO_2培养箱控制CO_2的浓度是通过CO_2浓度传感器来进行的
5	光照培养箱		具有超温和传感器异常保护功能，保障仪器和样品安全；选配全光谱的植物生长灯，有利于植物的生长，提高抗病性；具有掉电记忆、掉电时间自动补偿功能；具有恒温控制系统

（续）

序号	仪器名称	图片	用途
6	摇床		是一种常见的实验室仪器设备，主要用于细菌培养、发酵、杂交和生物化学反应以及酶、细胞组织培养研究，在医学、生物学、分子学、制药、食品、环境等行业应用广泛
7	培养架		是接种后的组培苗生长的场所，为组培苗的生长提供了适宜的光照，是植物组织培养实验中放置无菌苗的仪器
8	冰箱		提供一个低温环境，冷冻或冷藏药品、实验材料
9	烘箱(干燥箱)		根据干燥物质的不同，分为电热鼓风干燥箱和真空干燥箱两大类，现今已被广泛应用于化工、电子通讯、塑料、电缆、电镀、五金、汽车、光电、橡胶制品、模具、喷涂、印刷、医疗、航天等行业及高等院校
10	显微镜		用于放大微小物体使人的肉眼能看到的仪器

(续)

序号	仪器名称	图　片	用　途
11	解剖镜		能形成正立像，立体感强。常用在一些固体样本的表面观察或解剖等工作上
12	倒置显微镜		供医疗卫生单位、高等院校、研究所用于微生物、细胞、细菌、组织培养、悬浮体、沉淀物等的观察，可连续观察细胞、细菌等在培养液中繁殖分裂的过程，并可将此过程中的任一形态拍摄下来
13	荧光显微镜		用于研究细胞内物质的吸收、运输、化学物质的分布及定位等
14	细胞融合仪		用于细胞杂交、细胞融合，可在倒置显微镜下直接观察，可用于微生物学、动物医学、生物工程等方面的研究。与传统的化学融合方法相比，具有对细胞无毒性、融合效率高、方便快速等特点。可选购各种平型电极和针型电极
15	超纯水器		采用预处理、反渗透技术、超纯化处理以及紫外杀菌处理等方法，将水中的导电介质几乎完全去除，并将水中不离解的胶体物质、气体及有机物均去除至很低浓度的水处理设备

(续)

序号	仪器名称	图 片	用 途
16	无菌过滤器		是多联过滤系统,可同时进行多(单、三、六)个样品过滤,只需一个真空气源就可以完成全部操作
17	pH 计		是指用来测定溶液酸碱度值的仪器
18	电热灭菌器		适用于医疗、科研、食品等行业对手术器械、敷料、玻璃器皿、橡胶制品、食品、药液、培养基等物品进行灭菌
19	枪状镊子		植物组织培养过程中,在超净工作台中工作时用于夹取植物材料
20	弯头剪刀		植物组织培养过程中,在超净工作台中工作时用于剪切植物材料

(续)

序号	仪器名称	图片	用途
21	酒精灯		在化学实验中常用酒精灯进行低温加热。植物组织培养过程时，在超净工作台中工作时可以达到局部的无菌环境
22	酒精计		用来测量酒精溶液中酒精的含量
23	移液枪		常用于实验室少量或微量液体的移取。不同规格的移液枪配套使用不同大小的枪头，不同生产厂家生产的移液枪形状略有不同，但工作原理及操作方法基本一致
24	水浴锅		用于实验室中蒸馏、干燥、浓缩及温渍化学药品或生物制品，也可用于恒温加热和其他温度试验，是生物、遗传、病毒、水产、环保、医药、卫生、化验室、分析室、教育科研的必备工具
25	磁力搅拌器		液体混合的实验用仪器，主要用于搅拌或同时加热搅拌低黏稠度的液体或固液混合物

（续）

序号	仪器名称	图片	用途
26	电磁炉		在实验室主要用于加热
27	小推车		在实验室主要用于转移大件物品
28	小喷壶		在无菌操作时主要用于喷洒酒精进行外置物品的消毒。另外，在实验室也可以用于喷水增加室内湿度
29	空调		调节室内温度，为实验室植物材料的培养提供一个稳定的温度环境
30	加湿除湿器		控制室内湿度

（续）

序号	仪器名称	图　片	用　途
31	照度计		一种专门测量照度的仪器，即测量物体表面所得到的光通量与被照面积之比
32	培养基自动定量灌装机		用于全自动定量灌装培养基

附录二　植物组织培养常用培养基配方

1. MS 培养基（Murashige 和 Skoog，1962 年，广泛用于多种植物的组织培养）　　mg/L

成　分	含　量	成　分	含　量	成　分	含　量
NH_4NO_3	1650	$ZnSO_4 \cdot 7H_2O$	8.6	盐酸硫胺素	0.4
KNO_3	1900	H_3BO_3	6.2	盐酸吡哆醇	0.5
KH_2PO_4	170	KI	0.83	烟　酸	0.5
$CaCl_2 \cdot 2H_2O$	440	$Na_2MoO_4 \cdot 2H_2O$	0.25	蔗　糖	30000
$MgSO_4 \cdot 7H_2O$	370	$CuSO_4 \cdot 5H_2O$	0.025	琼　脂	8000
$FeSO_4 \cdot 7H_2O$	27.8	$CoCl_2 \cdot 6H_2O$	0.025	pH	5.8
Na_2-EDTA	37.3	肌　醇	100		
$MnSO_4 \cdot 4H_2O$	22.3	甘氨酸	2		

2. B_5 培养基（Gamborg 等，1968 年）　　mg/L

成　分	含　量	成　分	含　量	成　分	含　量
KNO_3	3000	$ZnSO_4 \cdot 7H_2O$	2	盐酸硫胺素	10
$(NH_4)_2SO_4$	134	H_3BO_3	3	盐酸吡哆醇	1
$NaH_2PO_4 \cdot H_2O$	150	KI	0.75	烟　酸	1
$CaCl_2 \cdot 2H_2O$	150	$Na_2MoO_4 \cdot 2H_2O$	0.25	蔗　糖	20000
$MgSO_4 \cdot 7H_2O$	500	$CuSO_4 \cdot 5H_2O$	0.025	琼　脂	10000
$FeNa_2$-EDTA	28	$CoCl_2 \cdot 6H_2O$	0.025	pH	5.5
$MnSO_4 \cdot 4H_2O$	10	肌　醇	100		

3. N_6 培养基（朱至清等，1975 年，用于禾谷类花药、原生质体的培养和诱导玉米体细胞胚胎发生）　　mg/L

成　分	含　量	成　分	含　量	成　分	含　量
KNO_3	2830	$MnSO_4 \cdot 4H_2O$	4.4	盐酸硫胺素	1
$(NH_4)_2SO_4$	463	$ZnSO_4 \cdot 7H_2O$	1.5	盐酸吡哆醇	0.5
KH_2PO_4	400	H_3BO_3	1.6	烟　酸	0.5
$CaCl_2 \cdot 2H_2O$	166	KI	0.8	蔗　糖	50000
$MgSO_4 \cdot 7H_2O$	185	Na_2-EDTA	37.3	琼　脂	8000
$FeSO_4 \cdot 7H_2O$	27.8	甘氨酸	2	pH	5.8

4. LS 培养基(Linsmaier 和 Skoog, 1965 年) mg/L

成分	含量	成分	含量	成分	含量
NH_4NO_3	1650	$MnSO_4 \cdot 4H_2O$	22.3	肌醇	100
KNO_3	1900	$ZnSO_4 \cdot 7H_2O$	8.6	盐酸硫胺素	0.4
KH_2PO_4	170	H_3BO_3	6.2	蔗糖	30000
$CaCl_2 \cdot 2H_2O$	440	KI	0.83	琼脂	8000
$MgSO_4 \cdot 7H_2O$	370	$Na_2MoO_4 \cdot 2H_2O$	0.25	pH	5.8
$FeSO_4 \cdot 7H_2O$	27.8	$CuSO_4 \cdot 5H_2O$	0.025		
Na_2-EDTA	37.3	$CoCl_2 \cdot 6H_2O$	0.025		

5. H 培养基(Bourgin 和 Nitsch, 1967 年, 用于烟草花药和一般组织培养) mg/L

成分	含量	成分	含量	成分	含量
NH_4NO_3	720	$MnSO_4 \cdot 4H_2O$	25	盐酸硫胺素	0.5
KNO_3	950	$ZnSO_4 \cdot 7H_2O$	10	盐酸吡哆醇	0.5
KH_2PO_4	68	H_3BO_3	10	叶酸	0.5
$CaCl_2 \cdot 2H_2O$	166	$Na_2MoO_4 \cdot 2H_2O$	0.25	生物素	0.05
$MgSO_4 \cdot 7H_2O$	185	$CuSO_4 \cdot 5H_2O$	0.025	蔗糖	30000
$FeSO_4 \cdot 7H_2O$	27.8	肌醇	100	琼脂	8000
Na_2-EDTA	37.3	甘氨酸	2	pH	5.5

6. ER 培养基(1965 年) mg/L

成分	含量	成分	含量	成分	含量
NH_4NO_3	1200	$MnSO_4 \cdot 4H_2O$	2.23	盐酸硫胺素	0.5
KNO_3	1900	H_3BO_3	0.63	烟酸	0.5
KH_2PO_4	340	KI	0.83	盐酸吡哆醇	0.5
$CaCl_2 \cdot 2H_2O$	440	$Na_2MoO_4 \cdot 2H_2O$	0.025	甘氨酸	2
$MgSO_4 \cdot 7H_2O$	370	$CuSO_4 \cdot 5H_2O$	0.0025	蔗糖	40000
$FeSO_4 \cdot 7H_2O$	27.8	$CoCl_2 \cdot 6H_2O$	0.0025	pH	5.8
Na_2-EDTA	37.3	Zn·Na-EDTA	15		

7. 克诺普的"四盐营养液"(W. Knop 和 Julius von Sachs, 1865 年) mg/L

成分	含量	成分	含量
$Ca(NO_3)_2$	800	KH_2PO_4	200
KNO_3	200	$MgSO_4$	200

8. GS 培养基(曹孜义等,1986 年,用于葡萄试管苗培养) mg/L

成 分	含 量	成 分	含 量	成 分	含 量
$(NH_4)_2SO_4$	67	$MnSO_4 \cdot H_2O$	5	盐酸硫胺素	10
KNO_3	1250	$ZnSO_4 \cdot 7H_2O$	1	盐酸吡哆醇	1
$CaCl_2 \cdot 2H_2O$	150	H_3BO_3	1.5	盐酸吡哆醇	1
$MgSO_4 \cdot 7H_2O$	125	KI	0.375	烟酸	1
$FeSO_4 \cdot 7H_2O$	13.9	$CuSO_4 \cdot 5H_2O$	0.0125	蔗糖	15000
Na_2-EDTA	18.65	$CoCl_2 \cdot 6H_2O$	0.0125	琼脂	4000~7000
$NaH_2PO_4 \cdot H_2O$	175	肌醇	25	pH	5.9

9. SH 培养基(Schenk 和 Hildebrandt,1972 年,用于松树组织培养) mg/L

成 分	含 量	成 分	含 量	成 分	含 量
KNO_3	2500	$ZnSO_4 \cdot 7H_2O$	1	烟酸	5
$CaCl_2 \cdot 2H_2O$	200	H_3BO_3	5	肌醇	1000
$MgSO_4 \cdot 7H_2O$	400	KI	1	盐酸吡哆醇	5
$FeSO_4 \cdot 7H_2O$	20	$Na_2MoO_4 \cdot 2H_2O$	0.1	蔗糖	30000
Na_2-EDTA	15	$CuSO_4 \cdot 5H_2O$	0.2	pH	5.8
$MnSO_4 \cdot H_2O$	10	$CoCl_2 \cdot 6H_2O$	0.1		
$NH_4H_2PO_4$	300	盐酸硫胺素	5		

10. WS 培养基(Wolter 和 Skoog,1966 年) mg/L

成 分	含 量	成 分	含 量	成 分	含 量
NH_4NO_3	50	$Na_2HPO_4 \cdot 2H_2O$	35	草酸铁	28
KNO_3	170	NH_4Cl	35	盐酸硫胺素	0.1
$Ca(NO_3)_2 \cdot 4H_2O$	425	$MnSO_4 \cdot 4H_2O$	7.5	盐酸吡哆醇	0.1
$FeSO_4 \cdot 7H_2O$	27.8	$MnSO_4 \cdot 7H_2O$	9	烟酸	0.5
Na_2-EDTA	37.3	$ZnSO_4 \cdot 7H_2O$	3.2	蔗糖	20000
KCl	140	KI	1.6	琼脂	10000
Na_2SO_4	425	肌醇	100		

11. Nitsch 培养基（NN-1969 年）   mg/L

成 分	含 量	成 分	含 量	成 分	含 量
NH_4NO_3	720	$MnSO_4 \cdot 4H_2O$	25	生物素 VH	0.05
KNO_3	950	$ZnSO_4 \cdot 7H_2O$	10	甘氨酸	2
KH_2PO_4	68	H_3BO_3	3	盐酸硫胺素	1
$CaCl_2 \cdot 2H_2O$	166	$Na_2MoO_4 \cdot 2H_2O$	0.25	盐酸吡哆醇	0.5
$MgSO_4 \cdot 7H_2O$	185	$CuSO_4 \cdot 5H_2O$	0.08	烟 酸	5
$FeSO_4 \cdot 7H_2O$	27.8	叶 酸	0.5	蔗 糖	20000
Na_2-EDTA	37.3	肌 醇	100		

12. White 培养基（1963 年）   mg/L

成 分	含 量	成 分	含 量	成 分	含 量
KNO_3	80	$MnSO_4 \cdot 4H_2O$	5	盐酸硫胺素	0.1
$Ca(NO_3)_2 \cdot 4H_2O$	200	$ZnSO_4 \cdot 7H_2O$	3	盐酸吡哆醇	0.1
$MgSO_4 \cdot 7H_2O$	720	H_3BO_3	1.5	烟 酸	0.3
$NaH_2PO_4 \cdot H_2O$	17	KI	0.75	蔗 糖	20000
Na_2SO_4	200	MoO_3	0.001	琼 脂	10000
$Fe_2(SO_4)_3$	2.5	甘氨酸	3	pH	5.6

13. Knop 培养基（1865 年）   mg/L

成 分	含 量	成 分	含 量	成 分	含 量
KNO_3	125	$Ca(NO_3)_2 \cdot 4H_2O$	500	KH_2PO_4	125
$MgSO_4 \cdot 7H_2O$	125				

14. Miller 培养基（1963—1967 年）   mg/L

成 分	含 量	成 分	含 量	成 分	含 量
NH_4NO_3	1000	$ZnSO_4 \cdot 7H_2O$	1.5	盐酸硫胺素	0.1
KNO_3	1000	H_3BO_3	1.6	盐酸吡哆醇	0.1
KH_2PO_4	300	KI	0.8	烟 酸	0.5
$Ca(NO_3)_2 \cdot 4H_2O$	347	$NiCl_2 \cdot 6H_2O$	0.35	蔗 糖	30000
$MgSO_4 \cdot 7H_2O$	35	KCl	65	琼 脂	10000
$FeNa_2$-EDTA	32	$MnSO_4 \cdot 4H_2O$	4.4	pH	6

15. 改良 MS 培养基(用于石斛兰的生根) mg/L

成 分	含 量	成 分	含 量	成 分	含 量
NH_4NO_3	1650	$MnSO_4 \cdot 4H_2O$	22.3	肌 醇	100
KNO_3	1900	$ZnCl_2$	3.93	盐酸硫胺素	0.4
KH_2PO_4	170	H_3BO_3	6.2	IAA	0.1
$CaCl_2 \cdot 2H_2O$	440	KI	0.83	蔗 糖	30000
$MgSO_4 \cdot 7H_2O$	370	$Na_2MoO_4 \cdot 2H_2O$	0.25	琼 脂	13000
$FeSO_4 \cdot 7H_2O$	27.8	$CuSO_4 \cdot 5H_2O$	0.025	pH	5.5
Na_2-EDTA	74.5	$CoCl_2 \cdot 6H_2O$	0.025		

16. NT 培养基(Nagata 和 Takebe,1971 年) mg/L

成 分	含 量	成 分	含 量	成 分	含 量
NH_4NO_3	825	$MnSO_4 \cdot 4H_2O$	22.3	肌 醇	100
KNO_3	950	$ZnSO_4 \cdot 7H_2O$	8.6	甘露醇	0.7
KH_2PO_4	680	H_3BO_3	6.2	盐酸硫胺素	1
$CaCl_2 \cdot 2H_2O$	220	KI	0.83	蔗 糖	10000
$MgSO_4 \cdot 7H_2O$	1233	$Na_2MoO_4 \cdot 2H_2O$	0.25	pH	5.8
$FeSO_4 \cdot 7H_2O$	27.8	$CuSO_4 \cdot 5H_2O$	0.025		
Na_2-EDTA	37.3	$CoSO_4 \cdot 7H_2O$	0.030		

17. HL 培养基(1982 年) mg/L

成 分	含 量	成 分	含 量	成 分	含 量
NH_4NO_3	400	$Ca(NO_3)_2 \cdot 4H_2O$	556	甘氨酸	2
KH_2PO_4	170	K_2SO_4	99	烟 酸	1
$CaCl_2 \cdot 2H_2O$	96	$ZnSO_4 \cdot 7H_2O$	8.6	盐酸硫胺素	1
$MgSO_4 \cdot 7H_2O$	370	H_3BO_3	6.2	盐酸吡哆醇	1
$FeSO_4 \cdot 7H_2O$	27.8	$Na_2MoO_4 \cdot 2H_2O$	0.25	蔗 糖	20000
Na_2-EDTA $\cdot 2H_2O$	37.3	$CuSO_4 \cdot 5H_2O$	0.25	琼 脂	4800
$MnSO_4 \cdot 4H_2O$	22.5	肌 醇	100		

18. MT 培养基(Murashige 和 Tucker,1969 年)

mg/L

成分	含量	成分	含量	成分	含量
NH_4NO_3	1650	$MnSO_4 \cdot 4H_2O$	22.3	肌 醇	100
KNO_3	1900	$ZnSO_4 \cdot 7H_2O$	8.6	甘氨酸	100
KH_2PO_4	170	H_3BO_3	6.2	盐酸硫胺素	10
$CaCl_2 \cdot 2H_2O$	440	KI	0.83	盐酸吡哆醇	10
$MgSO_4 \cdot 7H_2O$	370	$Na_2MoO_4 \cdot 2H_2O$	0.25	烟 酸	5
$FeSO_4 \cdot 7H_2O$	27.8	$CuSO_4 \cdot 5H_2O$	0.025	维生素 C	2
Na_2-EDTA	37.3	$CoCl_2 \cdot 6H_2O$	0.025	蔗 糖	50000

19. Nitsch 培养基(1951 年,用于传粉后子房培养)

mg/L

成分	含量	成分	含量	成分	含量
$Ca(NO_3)_2 \cdot 4H_2O$	500	$MnSO_4 \cdot 4H_2O$	3	蔗 糖	20000
KNO_3	125	$ZnSO_4 \cdot 7H_2O$	0.05	琼 脂	10000
KH_2PO_4	125	H_3BO_3	0.5	pH	6.0
$MgSO_4 \cdot 7H_2O$	125	$Na_2MoO_4 \cdot 2H_2O$	0.025		
柠檬酸铁	10	$CuSO_4 \cdot 5H_2O$	0.025		

20. 改良 Nitsch 培养基(1963 年,用于传粉后子房培养)

mg/L

成分	含量	成分	含量	成分	含量
$Ca(NO_3)_2 \cdot 4H_2O$	500	$ZnSO_4 \cdot 7H_2O$	0.05	盐酸硫胺素	0.25
KNO_3	125	H_3BO_3	0.5	盐酸吡哆醇	0.25
KH_2PO_4	125	$Na_2MoO_4 \cdot 2H_2O$	0.025	烟 酸	1.25
$MgSO_4 \cdot 7H_2O$	125	$CuSO_4 \cdot 5H_2O$	0.025	蔗 糖	50000
柠檬酸铁	10	甘氨酸	7.5	琼 脂	7000
$MnSO_4 \cdot 4H_2O$	3	泛酸钙	0.25	pH	6.0

21. GD 培养基（Gresshoff 和 Doy，1972 年，用于松树组织培养） mg/L

成分	含量	成分	含量	成分	含量
NH_4NO_3	1000	$ZnSO_4 \cdot 7H_2O$	3	甘氨酸	0.4
KNO_3	1000	H_3BO_3	3	盐酸硫胺素	1
KH_2PO_4	300	KI	0.8	盐酸吡哆醇	0.1
$Ca(NO_3)_2 \cdot 4H_2O$	347	$Na_2MoO_4 \cdot 2H_2O$	0.25	烟酸	0.1
$MgSO_4 \cdot 7H_2O$	35	$CuSO_4 \cdot 5H_2O$	0.25	蔗糖	30000
$FeSO_4 \cdot 7H_2O$	27.8	$CoCl_2 \cdot 6H_2O$	0.25	琼脂	10000
Na_2-EDTA	37.3	KCl	65	pH	5.8
$MnSO_4 \cdot H_2O$	10	肌醇	10		

22. T 培养基（Bourgin 和 Nitsch，1967 年，用于烟草花粉植株和各类再生植株的壮苗培养） mg/L

成分	含量(mg/L)	成分	含量(mg/L)	成分	含量(mg/L)
NH_4NO_3	1650	$FeSO_4 \cdot 7H_2O$	27.8	$MnSO_4 \cdot 4H_2O$	25
KNO_3	1900	H_3BO_3	10	蔗糖	10000
KH_2PO_4	170	$Na_2MoO_4 \cdot 2H_2O$	0.25	琼脂	8000
$CaCl_2 \cdot 2H_2O$	440	$CuSO_4 \cdot 5H_2O$	0.025	pH	6.0
$MgSO_4 \cdot 7H_2O$	370	Na_2-EDTA	37.3		

23. CC 培养基（Potrykus 等，1979 年） mg/L

成分	含量	成分	含量	成分	含量
NH_4NO_3	640	$ZnSO_4 \cdot 7H_2O$	5.76	烟酸	6
KNO_3	1212	H_3BO_3	3.1	盐酸硫胺素	8.5
KH_2PO_4	136	KI	0.83	盐酸吡哆醇	1
$CaCl_2 \cdot 2H_2O$	588	$Na_2MoO_4 \cdot 2H_2O$	0.24	甘氨酸	2
$MgSO_4 \cdot 7H_2O$	247	$CuSO_4 \cdot 5H_2O$	0.025	椰子乳	100
$FeSO_4 \cdot 7H_2O$	27.8	$CoO_4 \cdot 7H_2O$	0.028	蔗糖	20000
Na_2-EDTA	37.3	肌醇	90	pH	5.8
$MnSO_4 \cdot 4H_2O$	11.5	甘露醇	36430		

24. NB 培养基

mg/L

成分	含量	成分	含量	成分	含量
KNO_3	2830	$ZnSO_4 \cdot 7H_2O$	2	盐酸吡哆醇	0.5
$(NH_4)_2SO_4$	463	H_3BO_3	3	盐酸硫胺素	1
KH_2PO_4	400	KI	0.75	烟酸	0.5
$CaCl_2 \cdot 2H_2O$	166	$Na_2MoO_4 \cdot 2H_2O$	0.25	蔗糖	50000
$MgSO_4 \cdot 7H_2O$	185	$CuSO_4 \cdot 5H_2O$	0.025	琼脂	8000
$FeNa_2-EDTA$	28	$CoCl_2 \cdot 6H_2O$	0.025	pH	5.8
$MnSO_4 \cdot 4H_2O$	10	甘氨酸	2		

25. MB 培养基

mg/L

成分	含量	成分	含量	成分	含量
NH_4NO_3	1650	$ZnSO_4 \cdot 7H_2O$	2	盐酸硫胺素	0.4
KNO_3	1900	H_3BO_3	3	盐酸吡哆醇	0.5
KH_2PO_4	170	KI	0.75	烟酸	0.5
$CaCl_2 \cdot 2H_2O$	440	$Na_2MoO_4 \cdot 2H_2O$	0.25	蔗糖	30000
$MgSO_4 \cdot 7H_2O$	500	$CuSO_4 \cdot 5H_2O$	0.025	琼脂	8000
$FeSO_4 \cdot 7H_2O$	27.8	$CoCl_2 \cdot 6H_2O$	0.025	pH	5.8
Na_2-EDTA	37.3	肌醇	100		
$MnSO_4 \cdot 4H_2O$	10	甘氨酸	2		

26. 改良 SH 培养基(王友生等,用于紫花苜蓿愈伤组织诱导培养,2006 年)

mg/L

成分	含量	成分	含量	成分	含量
KNO_3	2830	$ZnSO_4 \cdot 7H_2O$	1	烟酸	5
$(NH_4)_2SO_4$	463	H_3BO_3	5	蔗糖	50000
KH_2PO_4	400	KI	1	琼脂	8000
$CaCl_2 \cdot 2H_2O$	166	$Na_2MoO_4 \cdot 2H_2O$	0.1	肌醇	100
$MgSO_4 \cdot 7H_2O$	185	$CuSO_4 \cdot 5H_2O$	0.2	盐酸硫胺素	5
Fe-EDTA	140	$CoCl_2$	0.1	盐酸吡哆醇	0.5
$MnSO_4 \cdot H_2O$	10	Na_2-EDTA	37.3	pH	5.8

27. MSO 培养基(王友生等,用于紫花苜蓿胚状体的分化,2006年) mg/L

成 分	含 量	成 分	含 量	成 分	含 量
NH_4NO_3	1650	$ZnSO_4 \cdot 7H_2O$	2	盐酸硫胺素	0.4
KNO_3	1900	H_3BO_3	3	盐酸吡哆醇	0.5
KH_2PO_4	170	KI	0.75	烟 酸	0.5
$CaCl_2 \cdot 2H_2O$	440	$Na_2MoO_4 \cdot 2H_2O$	0.25	蔗 糖	30000
$MgSO_4 \cdot 7H_2O$	370	$CuSO_4 \cdot 5H_2O$	0.025	琼 脂	8000
$FeSO_4 \cdot 7H_2O$	27.8	$CoCl_2 \cdot 6H_2O$	0.025	pH	5.8
Na_2-EDTA	37.3	肌 醇	100		
$MnSO_4 \cdot 4H_2O$	10	甘氨酸	2		

28. BM1 培养基(林治良等,用于番木瓜的离体培养体系的建立,1996年) mg/L

成 分	含 量	成 分	含 量	成 分	含 量
NH_4NO_3	825	$ZnSO_4 \cdot 7H_2O$	8.6	盐酸硫胺素	10
KNO_3	950	H_3BO_3	6.2	盐酸吡哆醇	10
KH_2PO_4	85	KI	0.83	烟 酸	5
$CaCl_2 \cdot 2H_2O$	440	$Na_2MoO_4 \cdot 2H_2O$	0.25	维生素 C	2
$MgSO_4 \cdot 7H_2O$	370	$CuSO_4 \cdot 5H_2O$	0.025	BA	0.5
$FeSO_4 \cdot 7H_2O$	27.8	$CoCl_2 \cdot 6H_2O$	0.025	NAA	0.2
Na_2-EDTA	37.3	肌 醇	100	蔗 糖	50000
$MnSO_4 \cdot 4H_2O$	22.3	甘氨酸	100		

29. BM2 培养基(林治良等,用于建立番木瓜试管株系的离体快繁,1996年) mg/L

成 分	含 量	成 分	含 量	成 分	含 量
NH_4NO_3	1650	$ZnSO_4 \cdot 7H_2O$	8.6	盐酸硫胺素	10
KNO_3	1900	H_3BO_3	6.2	盐酸吡哆醇	10
KH_2PO_4	170	KI	0.83	烟 酸	5
$CaCl_2 \cdot 2H_2O$	440	$Na_2MoO_4 \cdot 2H_2O$	0.25	维生素 C	2
$MgSO_4 \cdot 7H_2O$	370	$CuSO_4 \cdot 5H_2O$	0.025	BA	0.5
$FeSO_4 \cdot 7H_2O$	27.8	$CoCl_2 \cdot 6H_2O$	0.025	NAA	0.1
Na_2-EDTA	37.3	肌 醇	100	蔗 糖	50000
$MnSO_4 \cdot 4H_2O$	22.3	甘氨酸	100		

30. ZM 培养基(张望东等,用于杨树植株的再生,1994年)   mg/L

成分	含量	成分	含量	成分	含量
NH_4NO_3	1650	H_3BO_3	6.2	谷氨酸	1
KNO_3	1900	KI	0.83	2,4-D	0.45
KH_2PO_4	170	$Na_2MoO_4 \cdot 2H_2O$	0.25	kinetin	0.1
$CaCl_2 \cdot 2H_2O$	440	$CuSO_4 \cdot 5H_2O$	0.025	盐酸硫胺素	0.4
$MgSO_4 \cdot 7H_2O$	370	$CoCl_2 \cdot 6H_2O$	0.025	盐酸吡哆醇	0.5
$FeSO_4 \cdot 7H_2O$	27.8	肌 醇	100	烟 酸	0.5
Na_2-EDTA	37.3	甘氨酸	2	蔗 糖	25000
$MnSO_4 \cdot 4H_2O$	22.3	天冬氨酸	1	琼 脂	8000
$ZnSO_4 \cdot 7H_2O$	8.6	精氨酸	1	pH	5.8

31. DCR 培养基(Gupta and Durzan,1985年)   mg/L

成分	含量	成分	含量	成分	含量
NH_4NO_3	400	$MnSO_4 \cdot H_2O$	22.3	肌 醇	200
KNO_3	340	$ZnSO_4 \cdot 7H_2O$	8.6	甘氨酸	2
$Ca(NO_3)_2 \cdot 4H_2O$	556	H_3BO_3	6.2	NAA	0.5
KH_2PO_4	170	KI	0.83	盐酸硫胺素	1.0
$CaCl_2 \cdot 2H_2O$	85	$Na_2MoO_4 \cdot 2H_2O$	0.25	盐酸吡哆醇	0.5
$MgSO_4 \cdot 7H_2O$	370	$CuSO_4 \cdot 5H_2O$	0.25	蔗 糖	30000
$FeSO_4 \cdot 7H_2O$	27.8	$CoCl_2 \cdot 6H_2O$	0.025		
Na_2-EDTA	37.3	$NiCl_2$	0.025		

32. RA 培养基成(1980年)   mg/L

化学成分	用量	化学成分	用量	化学成分	用量
NH_4Cl	267.5	$MnCl_2 \cdot 4H_2O$	9.9	甘氨酸	2
KNO_3	1900	$ZnSO_4 \cdot 7H_2O$	4.6	烟 酸	5
$CaCl_2 \cdot 2H_2O$	440	H_3BO_3	3.1	生物素	0.05
$MgSO_4 \cdot 7H_2O$	370	$CoSO_4 \cdot 7H_2O$	0.015	叶 酸	0.5
KH_2PO_4	170	$CuSO_4 \cdot 5H_2O$	0.013	水解络蛋白	100
Na_2-EDTA	18.5	$Na_2MO_4 \cdot 2H_2O$	0.13	蔗 糖	30000
$FeSO_4 \cdot 7H_2O$	13.9	盐酸硫胺素	0.5		
KI	0.42	盐酸吡哆醇	0.4		